U0312122

大气 CO_2 浓度升高对我国主要作物影响的研究

郝兴宇　著

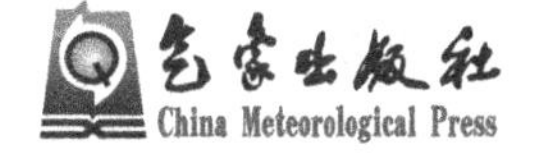

内 容 简 介

工业革命以来，全球大气 CO_2 浓度持续升高。CO_2 是植物光合作用的原料，大气 CO_2 浓度升高会直接影响植物的光合作用，进而影响植物的生长发育、产量及品质。目前国内外已经针对大气 CO_2 浓度升高对作物影响开展了广泛的研究，研究方法和手段不断更新。开放式大气 CO_2 富集系统(FACE)试验研究，由于和外界环境条件一致而更具有代表性，更能反映实际的 CO_2 肥效。本书主要介绍了我国北方唯一的FACE平台近年的相关研究成果。分别对我国主要作物小麦、水稻、大豆、绿豆、谷子等对未来大气 CO_2 浓度升高的响应进行了阐述，并分析了目前研究所存在的问题，对未来的研究提出了展望。以期在未来气候变化条件下，为农业适应气候变化提供依据，为我国制定相关政策提供参考，促进我国农业的可持续发展。

图书在版编目(CIP)数据

大气 CO_2 浓度升高对我国主要作物影响的研究/郝兴宇著．北京：气象出版社，2014.10
ISBN 978-7-5029-6028-5

Ⅰ．①大… Ⅱ．①郝… Ⅲ．①二氧化碳-影响-作物-研究-中国 Ⅳ．①S31

中国版本图书馆 CIP 数据核字(2014)第 236589 号

出版发行：气象出版社
地　　址：北京市海淀区中关村南大街46号　　**邮政编码**：100081
总 编 室：010-68407112　　**发 行 部**：010-68409198
网　　址：http://www.cmp.cma.gov.cn　　**E-mail**：qxcbs@cma.gov.cn
责任编辑：王元庆　　**终　　审**：汪勤模
封面设计：博雅思企划　　**责任技编**：吴庭芳
责任校对：三思
印　　刷：北京京华虎彩印刷有限公司
开　　本：889mm×1194mm　1/32　　**印　　张**：4.625
字　　数：151千字
版　　次：2014年10月第1版
印　　次：2014年10月第1次印刷
定　　价：36.00元

前 言

工业革命以来，全球大气 CO_2 浓度持续升高。作为大气主要温室气体，大气 CO_2 浓度升高会引起全球气温升高，造成全球气候变化，对人类生产和生活产生巨大的影响，气候变化问题已经成为当今国际社会普遍关注的全球性问题。

CO_2 不仅是温室气体，也是植物光合作用的原料，大气 CO_2 浓度升高会直接影响植物的光合作用，进而影响植物的生长发育、产量及品质。目前国内外已经针对大气 CO_2 浓度升高对作物影响开展了广泛的研究，研究方法和手段不断更新。开放式大气 CO_2 富集系统（FACE）试验研究，由于和外界环境条件一致而更具有代表性，更能反映实际的 CO_2 肥效。目前国内已经建成 3 个 FACE 平台，对我国主要粮食作物开展了相关研究，取得了不错的成绩，为我国农业生产应对未来气候变化提供了依据，为保证未来的粮食安全提供了保障。

本书是作者及作者所在的中国农业科学院农业环境与可持续发展研究所气候变化适应研究团队近年来在我国北方唯一的 FACE 平台开展的相关研究总结而成。旨在为提高我国农业适应气候变化提供参考，为地方农业可持续发展提供技术支持。本书共分 5 章，分别对我国主要作物小麦、水稻、大豆、绿豆、谷子等对未来大气 CO_2 浓度升高的响应进行了阐述，并分析了目前研究所存在的问题，对未来的研究提出了展望。我们目前还未对水稻开展相关研究，其中第 3 章水稻部分主要参考了我国江苏无锡 FACE 系统的部分试验结果。我们将在以后的研究中逐步开展关于北方水稻对大气 CO_2 浓度升高响应的研究，完善我国 FACE 试验数据，为我国北方水稻生产可持续发展提供保障。

本书的成果研究和出版得到了国家科技支撑计划项目“农业生态系统固碳减排技术研发集成与示范”(2013BAD11B00)，国家重点基础研究发展计划项目（“973”计划）“华北农业和社会经济对气候灾害的适应能力研究”（2012CB955904)，中澳政府气候变化合作项目“FACE 条件下气候变化对小麦大豆影响的研究”(00xx-0506-Norton)，中国农业科学院修缮购置项目，山西省自然基金“大豆响应大气 CO_2 浓度升高的生理机制”(2013011039-3)，中央级公益性科研院所基本科研业务费专项资金的资助。多年的研究中，得到了中国农业科学院、山西农业大学等单位的支持。在编著过程中得到了中国农业科学院农业环境与可持续发展研究所林而达研究员、居辉研究员、郭李萍研究员、仝乘风老师、魏强老师、巫国栋老师、李迎春副研究员、韩雪博士、姜帅等老师和同学的支持和帮助，在此表示感谢！

气候变化对作物的影响是一个复杂的过程，本书仅是基于目前的研究，对大气 CO_2 浓度升高对作物的影响进行了初步的探讨。由于我们水平有限，书中疏漏和错误之处有所难免，恳请读者批评指正。

郝兴宇

2014 年 6 月于山西农业大学

中国农科院 FACE 研究团队简介

2007 年，在中国农业科学院农业环境与可持续发展研究所林而达研究员与澳大利亚墨尔本大学的 Robert Norton 教授联合主持的中澳合作项目的资助下，中国北方 miniFACE 系统在中国农业科学院昌平试验基地建成，开展冬小麦和夏大豆等作物对 CO_2 浓度升高的响应试验至今。在多年的研究过程中，逐渐形成了以林而达和居辉研究员领衔，郝兴宇博士、韩雪博士、李迎春博士为骨干的研究梯队，开展了自由大气 CO_2 浓度升高条件下作物生理、营养代谢、产量品质、农田温室气体排放等方面的研究。仝乘风老师、魏强老师、巫国栋老师负责试验设备的研发与维护。先后有墨尔本大学的林树基博士、沈阳农业大学的谢立勇老师、中国科学院大学的程淑兰老师、黑龙江八一农垦大学的冯永祥老师在本 FACE 平台开展相关研究。马占云博士、王贺然博士、高霁博士、黄树青博士、邸少华、姜帅、王晨光、林阅兵、李锦涛、李豫婷、董小钢、杨宗鹏、焉海颖、汪莹、崔旭、王爱等同学也先后参与了本 FACE 试验的研究工作。以 FACE 平台为支撑，承担国家面上自然基金 2 项，青年自然基金 1 项，山西省自然基金 1 项，中央级公益性科研院所基本科研业务费专项资金 3 项。截至 2014 年，发表学术论文 30 余篇，其中 SCI 收录 10 余篇。培养博士研究生 7 人，硕士研究生 5 人，本科生 19 人。

目 录

第 1 章　大气 CO_2 浓度升高对作物影响的研究进展

自 1750 年以来，人类活动导致全球大气中 CO_2、CH_4 及氮氧化物浓度显著增加，目前已经远超过了工业革命之前的量值。CO_2 是最主要的温室气体，由于化石燃料的使用及土地利用的变化，全球 CO_2 浓度已从工业革命前的 280 μmol/mol 上升到 2005 年的 379 μmol/mol。有连续直接测量记录以来，全球 CO_2 浓度增长率为 1.4 μmol/(mol·a)，最近 10 年的增长率为 1.9 μmol/(mol·a)。根据特别情景排放报告(SRES)预测，2000—2030 年间全球 CO_2 浓度将增加 40%～110%，21 世纪中期全球 CO_2 浓度将约达到 550 μmol/mol(Prentice *et al*,2001)。

CO_2 浓度的增加会引起全球气温升高(Houghton *et al*,2001)，进而引起降水量的变化。20 世纪全球陆地上的降水增加了 2%左右(Hulme *et al*,1998)，但各地区的实际变化并不一致(Karl *et al*,1998;Doherty *et al*,1999)。近 47 年来，我国平均降水量小幅增加，但东北、华北中南部的黄淮海平原和胶东半岛、四川盆地及青藏高原部分地区出现了不同程度的下降趋势，以胶东半岛的负趋势最显著(任国玉 等,2005)。未来气候变化情景下，到 21 世纪中期高纬度地区和部分潮湿的热带地区以及人口密集的东亚和东南亚地区地面径流将增加 10%～40%。由于降水的减少和蒸发量的增加，部分干旱的高纬度地区和热带地区的地面径流将减少 10%～30%。在我国中纬度地区，气温升高 1℃，灌溉需水量将增加 5%～6%。未来 10～50 年，气候变化将使我国西北地区天然来水量增加，但气候变暖将增加生态需水量及农业灌溉需水量(秦大河,2002)。

CO_2 是光合作用的底物,也是初级代谢过程(气孔反应和光合作用)、光合同化物分配和生长的调节者。温度条件几乎影响植物所有的生物学过程。水分条件是植物能够正常生长发育的基本条件。因此,大气 CO_2 和温度升高以及水分变化对植物的生理过程、生物量、产量、品质均具有极其重要的影响(杨金艳 等,2002)。

CO_2 浓度的升高会对作物产生影响,了解未来气候变化下作物生产状况,将为提前制定相关政策以保证我国粮食安全提供依据。

1.1 CO_2 浓度增加对作物的影响

1.1.1 对作物生理指标的影响

CO_2 是植物光合作用的底物。在目前的大气 CO_2 浓度条件下,核酮糖-1,5-二磷酸羧化/加氧酶(Rubisco)没有被 CO_2 饱和,而高浓度 CO_2 可以抑制植物光呼吸,所以短期的高 CO_2 浓度可使 C_3 植物光合速率平均提高约52%(林伟宏,1998;Drake *et al*,1997)。与 C_3 植物光合作用机理不同,C_4 植物在高 CO_2 浓度下的光合速率仅提高4%(Kimball *et al*,1997)。Rubisco 动力学研究表明:在25℃条件下,CO_2 浓度为550 μmol/mol 时植物光饱和叶片的光合速率可增加38%,CO_2 浓度为700 μmol/mol 时可增加64%(Long,1991)。Ainsworth *et al*(2005)分析了12个开放式空气 CO_2 浓度增高(free air CO_2 enrichment,FACE)条件下40种植物光合资料发现,植物光饱和叶片的光合速率平均增加31%。

短期 CO_2 浓度升高使植物光合作用增强,但长期高浓度 CO_2 将使植物对 CO_2 浓度产生光适应现象,即高浓度 CO_2 对植物光合速率的促进随时间的延长而逐渐消失(Ainsworth *et al*,2005)。发生光合适应的植物通常 CO_2 羧化能力下降,叶片碳水化合物含量增加而 Rubisco 含量下降(Drake *et al*,1997)。这是由于高 CO_2 浓度使植物光合作用增强，增加了碳积累，改变了植物体内可溶性碳水化合物的供需平衡。碳水化合物的积累抑制植物细胞质内无机磷酸盐含量，从而使光合作用短期下降，碳水化合物中的己糖浓度增加可以抑制某些光合特异基因的表达（如 RbcS），从而使光合作用长期下降（Pego *et al*，2000）。光合适应可能是由于植物基因或环境因素所致，特别是氮供应不足时表现明显（Stitt *et al*，1999；Rogers *et al*，1998；Hymus *et al*，2001）。

Ainsworth *et al*（2002）分析发现：在 CO_2 浓度倍增（[CO_2]＝689 μmol/mol）下，光饱和叶片的光合速率平均增加 39％，这仅是理论预期值的 60％；当大豆生长于较大容器（＞9 L）时，光饱和叶片的光合速率可增加 58％，非常接近理论值，而当生长于小容器（2.5～9 L）时仅增加 24％。植物叶片光合速率低于理论预期值的原因通常是由于不能利用多余光合产物、根容量（盆栽试验）、氮供应以及遗传因素的限制（Stitt *et al*，1999；Rogers *et al*，1998；Hymus *et al*，2001）。大豆的根瘤不但可以增加碳汇和利用多余的光合产物，还能固定氮元素供大豆生长需要，而且大豆的无限开花习性也可以增加碳汇和利用多余的碳水化合物（Rogers *et al*，2004）。FACE 试验可以避免根容量的限制，Rogers *et al*（2004）进行大豆 FACE 研究的结果表明：高 CO_2 浓度下，叶面日净光合速率增加 24.6％，仅为 Rubisco 动力学理论值的 44.5％，通过叶绿素荧光测出的日光合电子传递率也没有明显的增加。可见叶面日净光合速率在高 CO_2 浓度下受核酮糖-1-5 二磷酸（Rubp）限制，而不受 Rubisco 限制。Bernacchi *et al*（2005）的研究也得出相似结论，在高 CO_2 浓度（550 μmol/mol）下光饱和叶片光合速率增加 16％～20％。日净光合速率在鼓粒期之前出现短暂下降，但鼓粒后期达到最大，表明 CO_2 对大豆光合作用的促进作用没有在生长末期下降（Rogers *et al*，2004）。FACE 条件下大豆的最大光合速率有所下降，可能是由于光合适应的结果（Bernacchi *et al*，2005；Johannessen *et al*，2002）。国内的相关研究主要通过开顶式气室进行，研究结果与国外的研究基本一致（张彤等,2006;蒋跃林 等,2005a;2005b)。

蒋跃林等(2006b)利用开顶气室研究认为,大气 CO_2 浓度增高使大豆叶片叶绿素总量和叶绿素 b/a 值增加,CO_2 浓度增高更有利于叶绿素 b 的形成,叶绿素 b 是捕光色素蛋白复合体的重要组成部分,其含量增加可加强叶绿素对光的吸收。郝兴宇(2009)利用 FACE 系统对夏大豆的研究与之不同,认为叶绿素 a、b 及类胡萝卜素含量总体下降,且低 N 处理品种的下降更明显,其原因可能是由于 N 素供应不足所致。赵天宏等(2003)研究发现,CO_2 浓度倍增促进了大豆叶绿体的发育,使大豆叶片内淀粉粒积累明显增多、体积增大、光合效率增强、光合产物增多。

CO_2 对气孔运动影响很大。低浓度 CO_2 促进气孔张开,高浓度 CO_2 使气孔迅速关闭(无论光下或暗中均如此)。高浓度 CO_2 下,气孔关闭的可能原因是:高浓度 CO_2 使质膜透性增加,导致 K^+ 泄漏,消除了质膜内外的溶质势梯度;CO_2 使细胞内酸化,影响跨膜质子浓度差的建立。气孔关闭减少植物与大气之间的气体交换,使气孔导度下降,FACE 条件下植物叶片气孔导度平均下降 22%(Ainsworth *et al*,2007a;2007b)。气孔关闭后植物蒸腾作用也将减少,一般减小 20%~27%。由于蒸腾下降和净光合速率增加,植物水分利用率(WUE)也将升高(Polley *et al*,2002)。高浓度 CO_2 条件下,大豆气孔导度下降,蒸腾作用减弱,水分利用率提高(白月明 等,2005;黄辉 等,2004;张彤 等,2005)。气孔导度下降后,植物蒸腾作用减弱,叶片温度会升高,叶温适当提高对作物生长会有促进作用,但叶温过高将使作物发生热害的可能性增加。

高 CO_2 浓度下植物生长量加速、生物量增加,植物体内的 N 浓度会降低,但 N 素利用效率会提高。N 素的供应会影响光适应对 CO_2 浓度的反应,N 素缺乏则光适应明显,N 素升高则光适应不显著(Isopp *et al*,2000)。N 素供应不足限制了植物体内新“汇”发展,因此 CO_2 浓度的升高加剧了植物内部“源-汇”不平衡(Hymus *et al*,2001),FACE 试验结果也支持这一假设。在低 N 条件下,最大表观羧化速率（$V_{c,max}$）降低22%，而在高N条件下，$V_{c,max}$ 仅降低12%（Ainsworth *et al*，2005）。当接种有效的共生固氮菌时，高N和低N处理时豆类植物氮素利用效率均增加30%；当接种无效固氮菌时，高N处理在高 CO_2 浓度下，N素利用效率增加6%，低N处理则减少27%（Luscher *et al*，2000）。说明豆类植物的固氮作用可提高作物对高 CO_2 浓度的适应性。Ainsworth *et al*（2007a，2007b）在FACE条件下对大豆叶内碳、氮平衡的研究表明，高 CO_2 浓度下老叶碳水化合物增加，幼叶碳水化合物减少，老叶、新叶的酰脲（酰脲是根瘤菌固氮的产物）和氨基酸含量均增加，可见高 CO_2 浓度改变了大豆的碳氮平衡，进而会影响大豆的生长和产量。蒋跃林等（2006a）研究表明，高 CO_2 浓度有利于大豆根系的生长及根瘤菌的个数、干质量、固氮活性等的提高。高 CO_2 浓度可增加大豆氮固定总量，促进生物量和N浓度的增加（Bloem *et al*，2005）。

1.1.2　对作物生长与产量的影响

大气 CO_2 浓度升高促进了植物光合作用，提高了植物水分利用率，有利于植物的生长及产量的提高。CO_2 浓度倍增（700 μmol/mol）将导致作物生育期缩短，如冬小麦抽穗、开花及乳熟期约提早2～4 d，水稻生育进程加快且全生育期缩短6～9 d，大豆各生育期比对照平均提前2～3 d（杨连新 等，2006；王春乙 等，1997）。

高浓度 CO_2 下，植物生物量积累量（包括叶片数目、大小、厚度、比叶重、植株的干质量和鲜质量、分蘖、茎数、茎长等）增加（Kimball *et al*，1986；Gillis *et al*，1993）。Jablonski *et al*（2002）通过分析79种作物和野生植物在高浓度 CO_2 下繁殖能力的变化认为，高浓度 CO_2 使植物种子产量增加。Kimball（1986）发现，在熏气试验条件下植物生物量约增加21%，而FACE试验下生物量平均增加17%左右。Kimball *et al*（1997）研究表明，FACE条件下作物茎秆生物量平均增加35%，而开顶式气室（OTC）平均增加约39%。

综合封闭、开顶式和FACE条件下对小麦的研究结果，CO_2 浓度升高使小麦产量增加11%～31%。FACE条件下，CO_2浓度升高使小麦地上部生物量增加14%～48%。但是这种CO_2肥效作用因试验环境、品种因素的变异很大。

目前，对CO_2浓度和施氮量的报道较多。这是因为农田生态系统中多使用氮肥，世界范围内的谷物的氮肥利用效率是33%，美国和印度的氮肥利用率分别为17%和33%。中国氮肥过量的问题多有报道，过量施氮使氮肥的利用率降低。开顶式(OTC)试验中，CO_2浓度升高使小麦产量增加34%，在低施氮肥水平(LN)和高施氮肥水平(HN)条件下分别增加23%和47%。美国Maricopa FACE试验结果表明，氮素和水分充足的条件下，CO_2浓度升高使小麦增产13%，氮素不足时，增幅降低至8%。中国江苏稻麦轮作FACE定位试验站对两个小麦品种开展研究，结果表明，高CO_2浓度(570 μmol/mol)使弱筋冬小麦"宁麦9"号产量增加24.6%，低氮、中氮和高氮水平下，产量分别增加15.2%、21.4%和35.4%(杨连新 等，2007a;2007b)；使中筋小麦"扬麦14"产量增加17.9%，低氮和高氮下，产量分别增加14.9%、20.1%。在高CO_2条件下，增加施氮量，进一步增加产量，这需要与土壤中无机氮的可获得量相结合。CO_2浓度升高使小麦蛋白浓度降低，LN下的降幅高于常规施氮肥(NN)下的增幅(Taub *et al*，2008a;2008b)。

CO_2浓度与温度和水。FACE试验中，CO_2浓度从475 μmol/mol升高到600 μmol/mol，气孔导度降低22%(Ainsworth *et al*，2007b)。气孔是植物叶片与外界进行气体和水分交换的窗口。气孔导度降低，有可能减少水分蒸腾，提高植物水分利用率。通过对小麦、水稻、白杨、大豆和马铃薯等进行研究，FACE试验使植物蒸散量降低5%～20%(Leaky *et al*，2009)。尽管有研究表明，CO_2浓度升高缓解了小麦的水分胁迫(Wall *et al*，2006)。美国Maricopa FACE结果也表明，CO_2浓度对地上物生物量的促进作用，水分充足下的增幅低于缺水下的增幅。澳大利亚小麦FACE(AGFACE)中也有相似报道，CO_2浓度升高对雨养小麦的生物量的增幅高于灌溉小麦

(Lam *et al*, 2012)。但是,温度升高会降低甚至抵消 CO_2 浓度增加对小麦生物量的正效应。也有不同的结果,Rawson(1995)认为水分充足条件下,温度上升5℃,CO_2 浓度升高依然能够促进小麦产量增加,但是因品种而异。

CO_2 浓度和 O_3 浓度。工业革命以前,大气中的 O_3 浓度仅为10ppb*,目前北半球的 O_3 浓度已经上升到40~60ppb,预计到2050年增高20%~80%(IPCC,2007)。O_3 浓度升高对植物叶片产生伤害,从而降低光合速率和抑制植物生长。综述表明,O_3 浓度升高至(43ppb)使小麦产量降低18%。O_3 浓度升高至57ppb使四个小麦品种产量降低20%(Zhu *et al*, 2011)。小麦品种对 O_3 的敏感程度不同。过去60年中广泛种植的20个冬小麦品种的综合分析表明,现代小麦品种对 O_3 浓度增加更为敏感。这是因为现代品种多为高光合性能品种,气孔导度大,吸收 CO_2 的同时,也吸收 O_3,从而对 O_3 浓度升高更为敏感。那么,降低气孔导度,从而降低 O_3 对叶片的伤害。在开顶式(OTC)下 CO_2 和 O_3 均升高的试验表明,在高 CO_2 浓度条件下,1.5倍的大气 O_3 浓度对春小麦无显著影响。综合所有物种的数据,当前 CO_2 浓度升高的正面效应远远高于 O_3 的负面效应(Poorter *et al*, 2003)。

高浓度 CO_2 下,豆类产量可增加28%~46%。Ainsworth *et al* (2002)分析表明,高浓度 CO_2 可使大豆叶面积增加18%,总干质量增加37%以上,种子产量增加24%以上。Miglietta *et al* (1993)和Morgan *et al* (2005)研究发现,FACE条件下大豆产量分别增产35%(CO_2 浓度为652 μmol/mol)和15%(CO_2 浓度为550 μmol/mol)。国内学者利用开顶式气室进行的相关研究结果表明:CO_2 浓度升高对大豆的叶长、叶宽、叶面积、株高、叶柄长、茎粗、叶比重都有不同程度的增加,其中叶面积、株高和茎粗的增幅较明显,CO_2 浓度700 μmol/mol比350 μmol/mol叶面积、株高和茎粗分别增加

---

* 每1ppb在这里表示大气中 O_3 浓度为 $1/10^9$,后同。

19.61%、16.42%和14.28%，CO_2 浓度500 μmol/mol 比350 μmol/mol 叶面积、株高和茎粗分别增加14.76%、9.75%和7.35%。

1.1.3 对作物品质的影响

作物化学品质受品种遗传特性和环境条件的综合影响。由于CO_2 浓度的增高，作物光合作用增强，根系会吸收更多的矿物元素，有利于农产品品质的提高，如水果中的糖、柠檬酸、比黏度等会有所提高。但由于CO_2 浓度升高后植株中含碳量增加、含氮量相对降低，粮食作物籽粒中蛋白质含量也会降低，使粮食品质有可能下降。对于CO_2 浓度升高对大豆品质的影响不同的试验研究结果有差异，Heagle *et al*(1998)研究发现，CO_2 浓度升高对大豆蛋白质含量没有影响，却可使油酸含量增加。高素华等(1994)也得出类似结论。蒋跃林等(2005b)研究表明，大气CO_2 浓度的增加提高了大豆籽粒中钙、锌、硒等元素的含量，而钾、铁等元素含量有下降趋势；大豆籽粒脂肪含量和油酸相对含量显著增加，脂肪增加8.5%，亚油酸相对含量无明显变化，亚麻酸、棕榈酸、硬脂酸相对含量有所减少；大豆蛋白质和氨基酸总量有降低趋势，但蛋氨酸、苏氨酸、胱氨酸含量明显增加，大豆蛋白质和脂肪总量略有上升。脂肪含量增加有利于提高大豆出油率，油酸含量增加有利于提高大豆油的品质，亚麻酸含量减少有利于提高油质，对将来的大豆油料品质提高具有促进作用。以上结果都是温室或开顶式气室的研究结果。

1.1.4 CO_2 浓度升高对作物碳氮代谢的影响

1.1.4.1 光合碳代谢和氮代谢

植物生长过程中吸收的氮素主要来自两种矿质氮源，即NH_4^+和NO_3^-。植物可以直接利用从土壤中吸收的NH_4^+合成无机氮化物，而从土壤中吸收的NO_3^-必须经过代谢还原才能利用，先还原为NO_2^-，再还原成NH_4^+，然后才合成无机氮化物。叶绿体内的NO_3^-

还原需要光合碳代谢提供能量和还原力，与 CO_2 同化竞争光电子；而细胞质中的 NO_3^- 还原所需的能量是通过跨叶绿体膜的苹果酸-草酰乙酸(OAA-MAL)穿梭完成的，同样依赖光合代谢产物提供还原剂(宋建民 等,1998)。植物吸收 NH_4^+ 合成氨基酸过程中由谷氨酰胺合成酶(GS)催化。这种酶主要存于细胞质和叶绿体中。叶绿体中的 GS 催化反应需要光反应提供还原力(ATP)(Flores *et al*, 1983;Lea *et al*,1990;Vezina *et al*,1987)和碳架(a－KG)。

由此可见，无论是 NO_3^- 同化，还是 NH_4^+ 同化，都与光合碳代谢关系非常密切。光合作用产生的能量及其中间产物大部分用于碳、氮代谢，在某些组织中氮代谢甚至可消耗掉光合作用能量的 55%。因此，协调光合碳代谢和氮代谢，以最大限度地满足碳、氮代谢的同时需求，达到优质高产，是十分重要的。在碳、氮代谢方向的调节中，3 种酶的作用至关重要，即硝酸还原酶(NADH/NR,EC1. 6. 6. 1)，磷酸烯醇式丙酮酸羧化酶(PEPCase,EC4. 1. 1. 31)和蔗糖磷酸合成酶(SPS,EC2. 14. 1. 4)，它们分别是调节 NO_3^- 同化、碳架供应和蔗糖合成的关键酶(Champigny,1995)。

CO_2 浓度升高，对硝酸还原酶的影响不尽相同。开顶式试验的研究表明，高浓度 CO_2(600 μmol/mol)导致小麦叶片硝酸还原酶活性下降(Pal *et al*,2005)，但是没有研究叶片含氮量的变化；Hocking *et al*(1991)在气室条件下研究表明，CO_2 浓度升高到 1500 μL/L 降低了小麦硝酸还原酶的活性(处理 8 周)。国内水稻 FACE 的研究结果与气室条件下的结果不同，高浓度 CO_2(570 μmol/mol)使水稻叶片硝酸还原酶活性升高(胡建 等,2006)。

CO_2 浓度升高明显提高了源端同化物质的供应水平，但没有促进淀粉在发育籽粒中的积累及粒重的增加。在高浓度 CO_2 下同化物质供应充足时，库强成为影响粒重的重要因素。Nakamura *et al* (1989)的结果也支持这一理论，作物高产不仅要求功能叶有较强的碳氮代谢能力，而且还要求叶片的光合产物向库端有效地运输和分配。植物的光合产物大部分以蔗糖的形式供应和运输，其中蔗糖磷酸合成酶(SPS)是合成蔗糖的关键酶之一。CO_2浓度升高使叶片SPS活性上调,说明高CO_2浓度条件下有利于蔗糖合成。也有不同报道,高CO_2浓度使叶片SPS降低,从而反馈抑制,使光合速率下调。然而,Moore *et al*(1998)综述了16种植物,没有发现Rubisco含量降低与SPS含量的相关关系,但是这个综述中存在的问题是没有进行光合速率的测定。因此,SPS在高CO_2浓度条件下是受源库关系调节,以蔗糖和氨基酸比表示,还是仅仅受到源强的调节,可以以光合速率表示,需要进一步探讨。

1.1.4.2 碳氮代谢对光合作用的反馈抑制的长期调节

众多研究表明,植物长期处于高CO_2浓度下,其光合能力会明显下降,人们多称之为光合适应。对这种光合下调现象较为合理的解释就是使碳的固定与利用达到优化状态(Woodrow,1994)。高CO_2浓度下植物叶片积累了大量的光合同化产物,处于一种"营养丰足"的状态,但这是一种源库不平衡状态,植物的生长发育过程要求达到另一平衡态,则植物自身调节使碳的收支达到平衡。

提高氮素的供给。氮素的代谢需要碳素来做骨架,在高CO_2浓度下,植物的生长受到了氮素供应的限制,因而提高氮素供应(相当于增强了库),可提高碳素的利用率。尽管高CO_2浓度下水稻叶片中淀粉和蔗糖都有积累但并不直接影响光合作用,而是通过调节植物叶片中氮素含量来间接影响光合作用的。碳氮比以植物体内的糖分和氨基酸含量的比值来表示,碳素被利用的潜力和源库比都可用碳氮比来衡量。Isopp *et al* (2000)发现在黑麦草中单位叶面积的SPS的含量不随CO_2的浓度升高而升高,而是随氮肥的增加而升高,并且SPS含量与叶片中自由蔗糖和自由氨基酸含量的比值强烈相关,这说明在高CO_2浓度和低氮条件下,蔗糖的合成完全受氮素供应水平的限制,提高氮素水平,对碳素的需求量增加,蔗糖大量运出叶片,则叶绿体内蔗糖含量降低,此时的蔗糖浓度可以作为一种糖信号,诱蔗糖合成相关酶的合成,如SPS和cFBPase,蔗糖含量增加并能及时外运用于植物的生长发育，使 SPS 保持较高的活性状态。

增加库容。很多植物采取增加库容的方法来适应这种“营养丰足”状态。以小麦为例，高 CO_2 浓度使小麦产量增加 10%～50%，但对产量构成因素进行细分析发现，单个籽粒的重量并没有增加或增加不显著，产量的提高主要是由于增加了有效穗数，并且在小麦的营养生长初期高 CO_2 浓度使其生长速率明显加快，分蘖数显著增加，这些新增加的库（籽粒数、分蘖等）提高了植物对固定的碳素的利用率，也是植物对高 CO_2 浓度适应的一种重要形式。对于积累果聚糖的植物来说，它们还会采取一种库转移的方法来适应高 CO_2，这类植物不仅可以在叶片中积累淀粉、蔗糖，还可以合成果聚糖积累在茎（块茎）或叶鞘中，这样叶片中多余的淀粉、蔗糖还可以转移到茎和叶鞘中暂存，这样就缓解了叶片的压力，提高了碳素的利用率。

1.2　CO_2 浓度升高、温度升高及干旱交互作用对作物的影响

1.2.1　CO_2 浓度升高和温度交互作用的影响

在一定的温度范围内，C_3 植物单位面积净 CO_2 同化率随 CO_2 浓度升高而升高。CO_2 浓度升高和高温均能使植物物候提前（Casella *et al*，1996）。高温和高 CO_2 浓度会加速作物的生育进程，促使作物生长速度加快、生物量下降，但对不同作物产量结构的影响有所差异。CO_2 浓度升高有利于作物的生长发育，对高温危害有一定的补偿作用，CO_2 浓度升高有利于作物减弱短期大于 40℃ 高温胁迫和光照不足等逆境的不利影响。一定温度范围内，高温对作物的负效应大于高 CO_2 浓度对作物的正效应。Caldwell *et al*（2005）研究发现，高温使大豆异黄酮含量下降，而高 CO_2 浓度可以逆转高温的影响。

1.2.2　CO_2 浓度升高和水分胁迫交互作用的影响

CO_2 浓度升高使作物光合速率增加，叶片气孔导度、蒸腾速率

和单位叶面积土壤水分耗损率降低，可提高水分利用率，有利于作物抗旱能力的提高（Wall *et al*，2005）。CO_2 浓度倍增可使膜保护酶（超氧化物歧化酶 SOD、过氧化物酶 POD 和细胞色素氧化酶 COD）活性增加，提高叶片抗氧化能力，能够一定程度上缓解干旱造成的氧化损伤。土壤干旱在一定程度上抑制了 CO_2 浓度升高对植物的施肥效应。CO_2 浓度升高，大豆的光合速率提高，蒸腾速率和气孔导度均降低，水分利用效率提高，增强了大豆的抗旱性，干旱胁迫则使大豆的光合速率、蒸腾速率、气孔导度均降低。CO_2 浓度升高，可以推迟干旱条件下大豆氮固定率的下降，提高大豆根瘤数量和质量（Serraj *et al*，1998）。

1.2.3 CO_2 浓度升高、温度升高及干旱协同作用的影响

CO_2 浓度升高、干旱和高温胁迫时间对作物净光合速率和叶片气孔导度的影响存在显著的互作效应。土壤水分胁迫有利于提高农作物品质，而 CO_2 浓度升高并伴随高温却不利于农作物籽粒品质的提高，且会抑制干旱条件下作物品质的提高。高温使大豆蒸腾速率增加，水分利用率下降，而 CO_2 浓度升高则可以逆转这种情况（Allen *et al*，2003）。

Singh *et al*（1998）研究表明，CO_2 浓度加倍将使加拿大 12 个不同地区的大豆产量减产 20%～30%。利用 CROPGRO-soybean 模型对印度 4 个地区大豆产量响应气候变化的研究结果表明：CO_2 浓度加倍使大豆增产 50%；CO_2 浓度加倍条件下，温度升高 1℃大豆产量增产 36%，但地表气温升高 3℃时则会抵消 CO_2 的正效应，温度升高 4℃将使大豆减产 21%；CO_2 浓度升高和气温升高（到 21 世纪中期）的共同作用下大豆增产 36%；降水量减少 10%将使大豆产量下降 32%（Lal *et al*，1999）。CO_2 浓度倍增条件下，印度大豆增产 36.7%，如果考虑 CO_2 浓度加倍影响印度次大陆气温升高的 3 种可能情景，利用作物生长模型 CROPGRO 模拟结果表明，印度大豆产量将分别增加 7.6%、12.7%、20.3%（Mall *et al*，2004）。利用 Had-

CM3 模型（Hadley 中心基于 GCM 开发的气候变化模型）预测 A2（反映区域性合作，对新技术的适应较慢，人口继续增长）和 B2（假定生态环境的改善具有区域性）情景下 2020 年、2050 年、2080 年气候变化，并应用 CROPGRO-soybean 模型预测南美洲东南部大豆产量变化的结果表明：在有灌溉条件的地区，不考虑 CO_2 浓度升高影响，大豆产量随气温变化不大（－8%～5%），当考虑 CO_2 浓度变化的影响时，大豆产量在不同气候变化情景下都有很大增加（A2 情景下增产 43%，B2 情景下增产 38%）；在无灌溉条件地区，不考虑 CO_2 浓度影响，A2 情景下大豆产量变幅在－22%～10.5%，B2 情景下大豆产量变幅在－18%～0.5%，考虑 CO_2 浓度升高的影响时，大豆产量明显增加，增幅可高达 62.5%。

CO_2 浓度升高将促进作物的光合作用，有利于作物的生长发育及产量的提高，还可以逆转由于气候变暖和干旱胁迫对作物的不利影响。但不同的试验条件使 CO_2 肥效存在较大差异，特别是对品质影响的差异很大。目前国内外关于 CO_2 浓度升高对不同品种作物影响的研究还很少，今后应加强这方面的研究，以筛选出对高 CO_2 浓度敏感的作物品种和基因，筛选或培育出高 CO_2 浓度下增产幅度更高的作物品种，更好地适应未来气候变化。

气温升高对低纬度地区作物生产可能不利，而适当升温则有利于高纬度地区作物生产。气候变暖后作物的种植北界将北移，有利于提高高纬度地区作物的种植面积。气候变暖后使高纬度地区作物播种期提前、生长期延长，可以种植生育期更长的晚熟品种以提高作物产量。

干旱胁迫不利于作物光合作用，将造成作物减产。未来不断增暖的气候将加剧水分蒸发，我国很多地区受干旱威胁的程度将明显增大，而良好的灌溉条件可以一定程度地缓解或补偿气候变暖造成的不利影响。因此，应重点在受干旱胁迫地区兴建大型水利工程，加强农田基本建设，减少干旱对作物生产的威胁。

以往的相关研究多集中于单因素对比试验，关于 CO_2 浓度升高、温度升高及干旱交互作用对大豆影响的研究还很少，有待于今后的深入研究。

国外作物模型的研究结果表明，在不考虑CO_2浓度肥效的情况下，未来气候变化下作物产量将下降；如果考虑CO_2浓度升高的影响，大豆产量将大幅提高。现有模型中关于CO_2浓度影响的参数多基于温室和开顶式气室的试验结果，可能高估了CO_2的肥效作用，在今后的研究中应当开展相关研究，以使模型的模拟结果更可靠。

气候变化还包括大气臭氧浓度升高、紫外线加强、极端性天气事件等，这些对未来作物生产都会产生不利的影响，今后还应该加强这些方面的研究。

未来气候变化已是不可改变的事实，人们必须积极采取措施减缓和适应气候变化。气候变化对农业生产影响巨大，而目前气候变化对作物影响的研究还很有限，有关适应措施方面的研究更是少见。因此，必须进行更深入的研究，特别是开展区域案例研究，并加强极端气候事件影响及适应性探究，以提高适应气候变化的能力。

1.3 CO_2浓度升高对植物影响研究方法介绍

CO_2是植物光合作用的底物，提高CO_2浓度能显著影响植物的物质生产量、产量以及植物对养分的吸收利用。早在100多年前，人们就开始利用温室或人工气候室，采用盆栽或根箱等栽培方法研究CO_2浓度的增加对植物光合作用、物质生产的影响。从控制CO_2浓度的方法来看，主要有封闭式气室（塑料大棚、温室、人工气候室、同化箱等）、开顶式气室（Open-top chamber，OTC）和开放式装置（Free-air CO_2 enrichment，简称FACE）三种类型。封闭式、开顶式气室的研究可保证试验的CO_2浓度，但由于其箱壁效应使植物的光强和光质、气温日变化、光照和气温的伴随关系、湿度、风等地上部环境以及水分、养分、植物根圈大小等地下部条件与大田条件下有显著差别（Ainsworth *et al*，2005）。许多学者认为，其研究结果难以真实

地反映植物对大气 CO_2 浓度升高的真实效应。开放式的研究由于在大田条件下进行，FACE 圈内没有任何隔离设施，CO_2 可以自由流动，既可保证试验的 CO_2 浓度，还可以使植物的地上部和地下部的环境条件与自然条件一致，因此，国际上普遍认为这是目前研究植物对大气 CO_2 浓度响应的最理想的研究方法。有关 CO_2 研究方法的演变，王修兰等(1996)分别对其进行了介绍和评价。

1.3.1　封闭式实验装置或控制环境实验(Controlled environment，CE)

封闭式实验装置是一种古老而容易控制的实验装置，最初的部分生理生态学家多采用此法，尤其在农作物实验方面应用最广。该装置一般以型材(木材、金属材料等)为骨架、以透明材料(玻璃、塑料薄膜等)为隔离物罩在骨架外面，并配置一系列控制环境(一般控制水分、CO_2 浓度等)装置。整个装置处于封闭状态，放置在室内或户外较小范围内。该试验装置的优点是可为研究者提供长期稳定的环境，并使水分、温度等条件与 CO_2 浓度人为组合，重复性好。缺点是通常情况下光照减少，温度升高；昼夜温差减少，光温不能同步；温度升高，风速相对静止。尤其是这种实验通常用植物幼苗为实验材料，大部分植物种在盆钵中，植物根系生长的空间受到限制，所得结论是否真实地反映自然生态系统中植物生长发育对控制条件因子的响应是值得怀疑的。因此，近年来这种方法的应用逐渐下降。

1.3.2　开顶式同化箱(Open-top chamber，OTC)

开顶式同化箱的基本结构同 CE，只是顶部开放，与大气相通。通过人为提高同化箱内 CO_2 浓度安排其他试验设计组合，以达到试验的目的。由于箱内各项环境因子只能依靠顶部的垂直交换，而不是全方向的，因此只是部分接近自然状态。试验结果在一定程度上也能反映自然生态系统中植物生长发育对控制条件因子的响应。但是，开顶式同化箱内的温度通常仍比外界高约 3℃，光照减少约 20%(Leadly *et al*，1993)；因箱内植物与其他植物隔离，箱内温度升高影响了植物的蒸腾作用，病虫害发生状况与大田也有差异。在这种环境下所得到实验结果往往有所差异，如大豆和玉米生物量提高(Rogers *et al*，1986)，红薯的生物量反而低于对照(Biswas *et al*，1988)。

另外，由于温度的影响，用该法研究植物的水分生理反应时，数据的可靠性是值得怀疑的。该装置的优点是生长环境基本接近于自然状态，可自动控制CO_2浓度，并使之与温度的变化同步；如果利用自然生态条件下生长的植物作为实验对象，可以避免根系受限制和只能研究幼苗等不足之处，其结果还是很有说服力的。

1.3.3 FACE系统实验平台(Free-air CO_2 enrichment，FACE)

FACE技术是在完全没有隔离的情况下，直接将高浓度的CO_2通入试验区域，以观察被试植物的响应。该方法是由美国能源部Brookhaven国家实验室Hendrey等设计由位于亚利桑那州菲尼克斯市的美国农业部水分保持实验室最早应用(Hendrey *et al*，1993)。先是应用于棉花、小麦等农作物实验，后来扩展到对较大范围的森林也进行FACE处理(Culotta *et al*，1995)。FACE技术的CO_2浓度通过计算机系统控制，由一圈垂直或水平放置的管道直接将CO_2通入大田，可获得直径约几米、十几米、几十米甚至上百米的高CO_2浓度人工试验场(图1.1)。其他环境条件如温度、湿度、风速、光照等与对照区域完全一致。FACE技术在自然状态下进行CO_2浓度升高对植物影响的实验，其结果有很强的代表性，是另外两种方法所不能比拟的。因而，这是公认的研究植物对高CO_2浓度响应的最理想的手段之一。

但是，随着试验区域的增大和维持高浓度的CO_2试验区域，整个实验的运行费用较高。据Kimball *et al*(1997)估算，FACE维持费用约44万美元/a，CO_2费用29万美元/a；CE和OTC的维持费用分别是15万美元/a和13万美元/a。从一个FACE平台来看，费用是相当高的；但从单位实验面积来讲，FACE技术却是最经济的，其费用约为500美元/(m^2·a)，而CE和OTC分别是9300

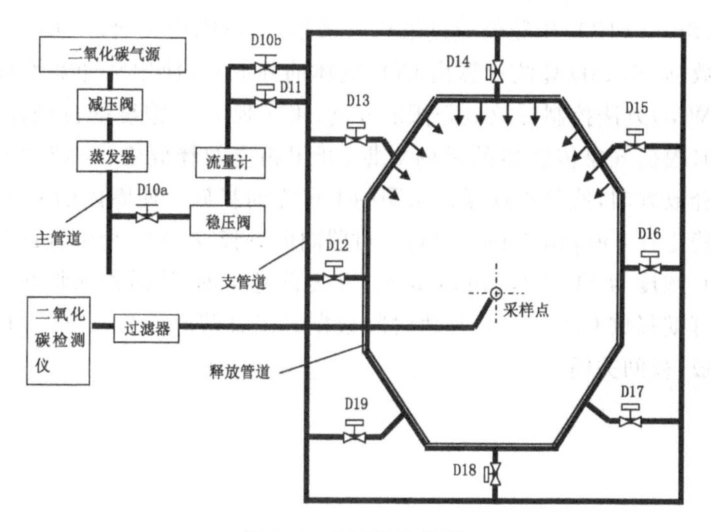

图1.1　FACE结构图

（D10a和D10b为手动阀，D11为流量控制阀，D12～D19为释放方向电磁阀）

美元/(m^2·a)和1800美元/(m^2·a)。因此，近年来FACE技术方兴未艾，目前全球运行和规划中的FACE技术平台有30多个，但大多集中在欧美等发达国家，发展中国家则较少。

2007年我们在中国农业科学院昌平试验基地(40.13°N，116.14°E)建立了麦/豆轮作miniFACE系统中(韩雪 等，2009；Hao *et al*，2012)。并于2007年秋正式开始冬小麦和夏大豆轮作的FACE实验。期间还开展了绿豆、谷子、板蓝根等其他植物的相关实验，为我国北方作物响应大气CO_2浓度提供了一定的实验数据。该系统有6个大气CO_2浓度圈(Ambient CO_2，415±16 μmol/mol)和6个高CO_2浓度圈(Elevated CO_2，550±17 μmol/mol)。中国农业科学院昌平miniFACE圈的直径为4 m。大气CO_2圈和高CO_2圈相距均大于14 m，可消除二者CO_2的相互干扰。miniFACE系统由释放圈、CO_2检测仪、气象传感器以及计算机测控系统组成。结构如图1.1所示。释放圈由8根水平放置的释放管组成一个正八边形，由一台 CO_2 检测仪通过采样泵采集，监测圈中央冠层的 CO_2 浓度数据，用 PID 算法计算出 CO_2 气体的释放量，使用脉冲宽度调制（PWM）方法控制释放电磁阀的开度，来实现 CO_2 浓度的自动控制，同时根据气象传感器的风向数据，开闭相应的释放管，来控制 CO_2 的释放方向，使其永远保持从圈的上风方向释放。使圈内的 CO_2 浓度稳定在 550 μmol/mol 左右。对照圈内不释放 CO_2，全生育期监测 CO_2 浓度为 415±16 μmol/mol。小麦除越冬期，从播种到收获的全生育期释放 CO_2。CO_2 释放时间根据日出日落时间自动开关，白天释放，夜间关闭。

第 2 章　大气 CO_2 浓度升高对小麦的影响

小麦是中国和世界主要粮食作物之一，2010 年中国小麦产量占粮食总产量的 21.1%。未来 CO_2 浓度升高会直接影响小麦的生长发育和产量水平，因此，研究高浓度 CO_2 对小麦的影响对于中国未来的粮食安全有重要意义。

从 2007 年开始，中国农业科学院农业环境与可持续发展研究所气候变化影响与适应课题组，在中国农业科学院北京昌平试验基地建立了开放式 CO_2 浓度富集试验（FACE），并利用该系统开展了全球气候变化的响应试验。

昌平 FACE 实验基地概况如下：中国农业科学院昌平实验基地位于北京市昌平南（40.13°N，116.14°E），土壤类型属褐潮土，含有机质 14.10 g/kg，全氮 0.82 g/kg，速效磷 19.97 mg/kg，速效钾 79.77 mg/kg。小麦生长季的降水量为 339 mm，平均气温为 9.6℃。

miniFACE 系统有 6 个 FACE 试验圈和 6 个对照圈，圈设计为正八边形，直径 4 m。FACE 圈和对照圈之间的距离均大于 14 m，以保证 FACE 圈和对照圈中的 CO_2 浓度没有相互干扰。6 个 FACE 圈和 2 个对照圈中的 CO_2 浓度由 CO_2 传感器（Vaisala，Finland）实时监控，以保证 FACE 圈和对照圈中的 CO_2 浓度分别为 550 ± 17 ppm* 和 415 ± 16 ppm。FACE 圈内白天释放 CO_2，夜间不释放 CO_2，从小麦出苗到收获全生育期释放。

* 每 1ppm 在这里表示空气中 CO_2 浓度为 $1/10^6$，后同。

2.1 大气CO_2浓度升高对冬小麦叶片光合生理的影响

本实验在中国农业科学院昌平实验基地进行，实验品种为中麦175，由中国农业科学院作物科学研究所育成。试验采取裂区设计，CO_2浓度为主处理，施氮量为副处理，设常规施氮肥水平（NN，189 kg N/hm^2）和低施氮肥水平（LN，47kg N/hm^2）两个水平，3次重复。2007年9月底播种。

光合生理测定：使用便携式光合气体分析系统（LI6400，Li-Cor Inc，Lincoln NE，美国）进行光合生理测定。测定时间为5月18日（开花期）和6月8日（乳熟期）。测定时选用完全展开的旗叶进行，测定净光合速率对CO_2浓度的响应曲线（P_n-C_i），测定时使用内置红蓝光源，光量子通量密度（PPFD）设定为1800 μmol/(m^2·s)，叶室温度设定为25℃。并用Sharkey *et al* (2007)的方法利用测定结果计算V_{cmax}（最大羧化速率）、J_{max}（最大电子传递速率）、TPU（磷酸丙酮利用率）。

叶绿素含量测定：选取10株主茎上新鲜旗叶叶片，利用丙酮提取法提取叶绿素，分光光度计测定吸光值，计算叶绿素含量。

2.1.1 FACE条件下小麦叶片的光合适应现象

净光合速率对CO_2浓度的响应曲线：FACE研究的结果表明在开花期，无论低氮肥水平还是高氮肥水平，FACE条件下小麦旗叶的净光合速率（P_n）均低于大气圈，说明小麦叶片在短时间高CO_2浓度下初始出现的光合速率增强的现象逐渐减弱，即FACE条件下的小麦表现出对高CO_2浓度的适应（图2.1）。

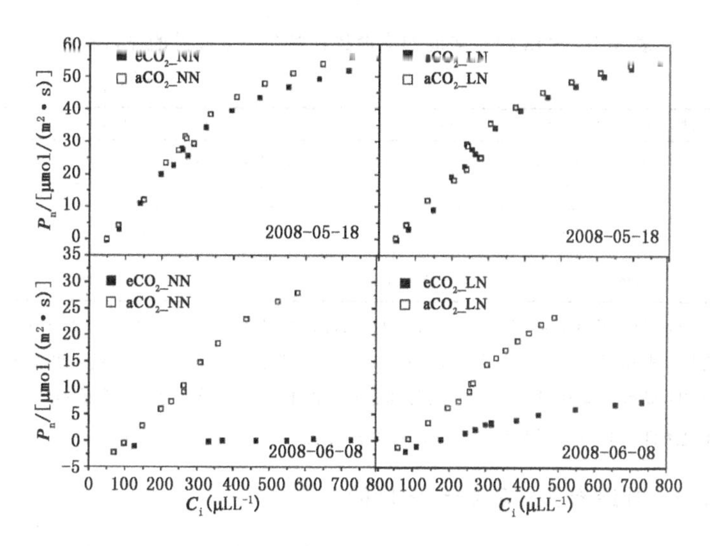

图 2.1 冬小麦旗叶光合作用在 FACE 条件下和大气圈的 CO_2 响应曲线（P_n-C_i 曲线）

（e CO2_NN：FACE 圈，常规施氮；a CO2_NN：大气圈，常规施氮；e CO2_LN：FACE 圈，低氮肥水平；a CO2_LN：大气圈，低氮肥水平）

2.1.2 冬小麦叶片光合参数对高 CO_2 浓度的响应

开花期和乳熟期，小麦叶片 V_{cmax}（最大羧化速率）、J_{max}（最大电子传递速率）、TPU（磷酸丙酮利用率）均低于大气圈，说明大气 CO_2 浓度升高使叶片的光合能力降低。开花期，常规施氮条件下，高 CO_2 浓度会使叶片 V_{cmax}（最大羧化速率）、J_{max}（最大电子传递速率）分别显著降低 5%和 3.97%；低氮肥条件下，高 CO_2 浓度使叶片 V_{cmax}（最大羧化速率）、J_{max}（最大电子传递速率）分别显著降低 39.5%和 1.5%。乳熟期，常规施氮条件下，高 CO_2 浓度会使叶片 V_{cmax}、J_{max}、TPU 分别显著降低 72.7%、85.7%和 83.5%；低氮肥条件下，高 CO_2 浓度使叶片 V_{cmax}、J_{max}、TPU 分别显著降低 68.6%、77.1%和 45.3%。同一时期两种施氮水平的光合参数之间并没有显著差异（表 2.1）。

表 2.1 根据CO_2浓度响应曲线计算冬小麦旗叶的光合参数

单位：μmol/(m^2 · s)

测量日期	光合参数	aCO2_NN	eCO2_NN	$P_{CO_2\_NN}$	aCO2_LN	eCO2_LN	$P_{CO_2\_LN}$
2008-05-18	V_{cmax}	161.63±0.13	177.45±5.26	0.10	199.79±1.38	120.81±0.07	0.00
	J_{max}	296.43±0.03	281.62±1.35	0.01	289.01±0.44	284.76±0.56	0.03
	TPU	20.19±0.01	19.39±0.01	0.00	19.50±0.01	19.33±0.35	0.68
2008-06-08	V_{cmax}	106.09±1.80	29.00±2.22	0.00	121.77±4.21	38.23±3.96	0.01
	J_{max}	110.40±0.15	15.78±6.66	0.01	143.51±4.21	32.86±2.31	0.00
	TPU	10.52±0.03	1.73±0.76	0.01	7.20±0.05	3.94±0.19	0.00

注：e CO_2_NN：FACE 圈，常规施氮；a CO_2_NN：大气圈，常规施氮；e CO_2_LN：FACE 圈，低氮肥水平；a CO_2_LN：大气圈，低氮肥水平；V_{cmax}：最大羧化速率；J_{max}：最大电子传递速率；TPU：磷酸丙酮利用率；$P_{CO_2\_NN}$：常规施氮条件下CO_2差异显著性概率值；$P_{CO_2\_LN}$：常规施氮条件下CO_2差异显著性概率值。下表同

2.1.3 叶绿素含量随CO_2浓度的变化

乳熟期，不同施肥水平下，FACE 条件下小麦叶片中的叶绿素含量（包括叶绿素 a、叶绿素 b、总叶绿素含量）均低于对照叶片，叶绿素含量是叶片光合作用的重要指标之一。小麦叶片光合能力在高CO_2浓度条件下出现下降的原因可能是由于叶绿素含量的下降。有研究认为大气CO_2浓度会导致植物叶片 N 含量下降，这可能会影响叶片叶绿素的合成。也有人认为叶片 N 含量及植物叶片叶绿素含量下降的原因可能是由于稀释效应造成的（大气CO_2浓度升高后植物生长加快，总生物量增加，而 N 素的吸收没有增加会导致单位质量植物叶片中 N 含量下降）（表 2.2）。

表 2.2 乳熟期冬小麦旗叶叶绿素含量（平均值±标准误差）

单位：mg/g

	氮肥水平	aCO_2	eCO_2	P_{CO_2}
叶绿素 a	NN	1.37±0.25	0.59±0.30	0.12
	LN	0.95±0.46	0.64±0.17	0.57
叶绿素 b	NN	0.46±0.09	0.21±0.10	0.14
	LN	0.67±0.19	0.23±0.06	0.09
叶绿素总量	NN	1.84±0.34	0.81±0.40	0.12
	LN	1.62±0.28	0.88±0.22	0.11

2.2 FACE 条件下对冬小麦生长特征及产量构成的影响

试验于 2007—2008 年在中国农业科学院昌平试验基地进行。2007 年 10 月 1 日—2008 年 6 月 30 日期间的降水量为 339 mm，平均气温为 9.6℃。小麦品种为强筋小麦 CA0493，由中国农业科学院作物科学研究所育成。

试验设计为 2 因素随机区组设计，3 次重复。CO_2 浓度处理设 2 个水平，施氮量设 2 个水平，常规施氮（NN，底肥 118 kg/hm^2＋追肥 70 kg/hm^2（N））和低氮（LN，底肥 66 kg/hm^2 ＋追肥 17 kg/hm^2（N））。尿素（N，46％）、磷酸二铵（N∶P_2O_5＝13∶44）和钾肥（K_2O，60％）作底肥，于播种前 1 天（2007-10-07）施用。追肥仅施用尿素（N，46％），于小麦拔节期（2008-04-16）施用。P 和 K 不做试验处理，仅作底肥，施用量为 165 kg/hm^2（P_2O_5）和 90 kg/hm^2（K_2O）。小麦全生育期灌溉 2 次，冬前越冬水和拔节水分别相当于 30 mm 和 60 mm 的降水量。

测定内容及方法：

（1）株高。测量从分蘖节到将苗抻直后最上部叶的顶部的长度。分别于拔节期（2008-04-19），开花期（2008-05-17）和乳熟期（2008-06-07），选取有代表性植株 30 株进行测定。

（2）叶面积。采用活体测量，于开花期（2008-05-17）在每个小区随机选取 10 株小麦主茎，测量主茎旗叶、倒 2 叶和倒 3 叶的长度和宽度，利用长宽系数法计算各叶位单叶面积，上部 3 叶叶面积为旗叶、倒 2 叶和倒 3 叶的叶面积之和。

（3）茎蘖动态。采用活体测量，每个小区标记 1 m 样段内小苗植株，定期调查茎蘖数，掌握茎蘖动态。

（4）产量及产量要素。成熟期每个小区调查 0.8 m^2 的小麦植株，计算单位面积穗数，取其中代表性植株 40 株测定穗粒数和粒重。

产量=(单位面积穗数×穗粒数×千粒重)/1000。

2.2.1 大气 CO_2 浓度升高对冬小麦株高的影响

拔节期 CO_2 浓度升高使冬小麦(CA0493)株高平均增加 2.88 cm,增幅为 5.12%($P<0.01$);开花期 CO_2 浓度升高使冬小麦株高平均增加 0.64 cm,增幅为 0.79%($P>0.05$);乳熟期 CO_2 浓度升高使冬小麦株高平均增加 1.85 cm,增幅为 2.19%($P>0.05$)。各时期常规施氮下的株高增幅均大于在低氮条件下的增幅。CO_2 浓度升高促进了冬小麦拔节期株高增加,但是开花期和乳熟期株高并无显著差异,施氮处理对冬小麦株高的影响未达到显著水平(图 2.2)。

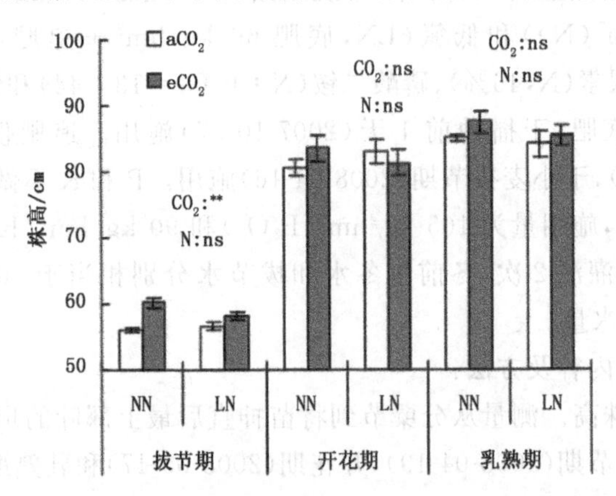

图 2.2 CO_2 浓度升高对冬小麦株高的影响

(* *:差异极显著;ns:差异不显著)

2.2.2 大气 CO_2 浓度升高对冬小麦叶面积的影响

CO_2 浓度升高使冬小麦旗叶面积平均增加 14.87%($P<0.05$),其中,低氮条件下的增幅为 16.81%,常规施氮条件下的增幅为 13.01%(见图 2.3a),但是 CO_2 浓度与施氮量的交互效应未达到显著水平。CO_2 浓度升高使冬小麦主茎上部三叶叶面积平均增加

10.02%(P<0.05)，其中，低氮条件下的增幅为 10.16%，常规施氮条件下的增幅为 9.89%(见图 2.3b)，CO_2 浓度与施氮量间交互效应未达到显著水平。施氮量对冬小麦旗叶面积和上部 3 叶的叶面积的影响都未达到显著水平。CO_2 浓度升高使冬小麦旗叶叶长显著增加 9.87%(P<0.05)，低氮条件下和常规施氮条件下的增幅分别为 14.23%和 5.73%(表 2.3)。但是，CO_2 浓度升高对冬小麦旗叶叶宽的影响未达到显著水平。说明，CO_2 浓度升高促进冬小麦旗叶叶面积增加，主要靠叶片伸长实现。

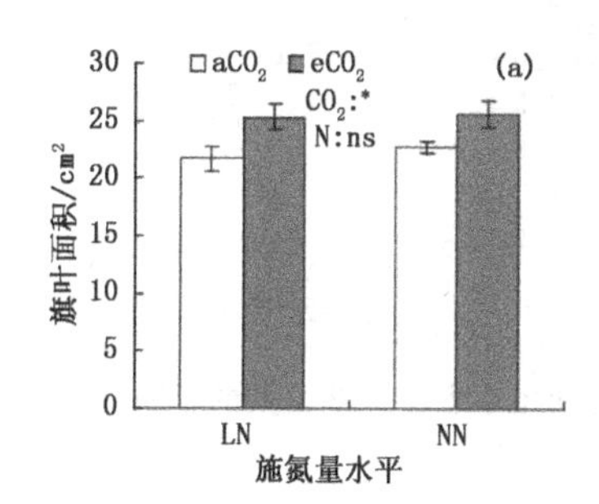

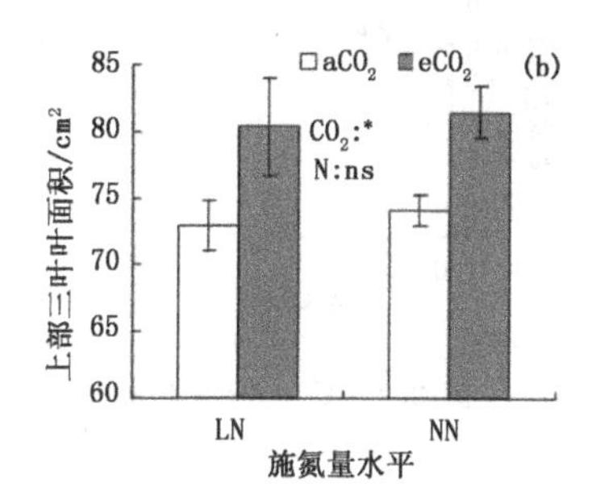

图 2.3　CO_2 浓度升高对冬小麦旗叶叶面积(a)、上部三叶叶面积(b)的影响

(*:P<0.05，差异显著；ns:差异不显著)

表 2.3　CO_2 浓度升高对冬小麦旗叶叶长和叶宽的影响

施氮量	CO_2	旗叶长/cm	旗叶宽/cm
LN	aCO_2	17.62±0.76	1.46±0.01
	eCO_2	20.12±0.10	1.54±0.09
NN	aCO_2	18.56±0.37	1.48±0.02
	eCO_2	19.62±0.81	1.56±0.01
P-Values	CO_2	*	ns
	施氮量	ns	ns
	CO_2×N	ns	ns

注：*:P<0.05，差异显著；ns:差异不显著

2.2.3 大气 CO_2 浓度升高对冬小麦茎蘖数的影响

冬小麦春季返青后，在起身期达到最高茎蘖数，之后无效分蘖逐渐消亡，开花期后单株茎蘖数趋于稳定。在常规施氮条件下，CO_2 浓度升高使单株茎蘖数增加，而在低氮条件下，高浓度 CO_2 浓度对单株茎蘖数的促进作用消失(见图 2.4)。

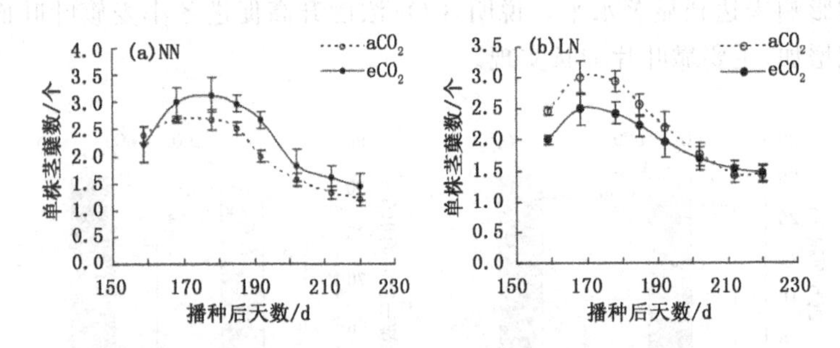

图 2.4 CO_2 浓度升高对全生育期冬小麦单株茎蘖数的影响

2.2.4 大气 CO_2 浓度升高对冬小麦产量及产量构成要素的影响

CO_2 浓度升高使冬小麦显著增产 113.5 g/m^2，增幅为 18.3%，常规施氮条件下的增产幅度(31.4%)，高于低氮条件下的增产幅度(6.0%)(表 2.4)。CO_2 浓度升高使冬小麦单位面积穗数增加 35 穗/m^2，增幅为 5.3%($P<0.05$)，常规施氮条件下的增幅高于低氮条件下的增幅。CO_2 浓度升高使冬小麦穗粒数平均增加 3.5 粒/穗，增幅为 14.5%，常规施氮条件下的增幅高于低氮条件下的增幅($P<0.05$)。CO_2 浓度升高对冬小麦千粒重没有显著影响。CO_2 浓度升高使不孕小穗数降低 11.12%。综上所述，大气 CO_2 浓度升高使冬小麦 CA0493 产量增加，对 CA0493 的增产效果是通过 CO_2 浓度升高使单位面积穗数和穗粒数增加实现的，穗粒数的增幅高于单位面积穗数的增幅，穗粒数对产量增加的贡献更大。

表 2.4　大气 CO_2 浓度升高对小麦产量及产量构成的影响

氮肥水平	CO_2 浓度	单位面积穗数/(穗数/m²)	穗粒数/粒	不孕小穗数/粒	千粒重/g	产量/(g/m²)
LN	aCO_2	635.19±71.06	24.59±1.6	3.55±0.22	41.24±0.42	639.30±59.93
	eCO_2	643.24±69.55	27.19±1.53	3.16±0.10	39.42±1.67	677.99±27.22
	增加比例(%)	1.3	10.5	−11	−4.4	6
NN	aCO_2	673.94±31.8	23.05±0.43	3.68±0.25	38.87±0.25	601.31±31.44
	eCO_2	735.83±30.62	27.35±0.34	3.26±0.09	39.39±1.67	789.87±46.94
	增加比例(%)	9.2	18.7	−11.24	1.3	31.4
P-Values	CO_2 浓度	*	*	*	ns	*
	施氮量	ns	ns	ns	ns	ns
	CO_2 浓度×施氮量	ns	ns	ns	ns	ns

注：*：$P<0.05$，差异显著；ns：差异不显著

2.2.5　结论与讨论

FACE 条件下，冬小麦株高在拔节期增加，开花期的旗叶面积和上部 3 叶叶面积显著提高。高 CO_2 浓度条件下，冬小麦形态特征的变化有利于冠层对光能的充分利用，从而具有增产的潜势。FACE 处理使冬小麦 CA0493 产量增加，单位面积穗数和穗粒数也增加，其中穗粒数的增幅高于单位面积穗数的增幅，说明穗粒数增加是冬小麦 CA0493 产量增加的主要原因。CO_2 浓度升高使不孕小穗数降低，说明高 CO_2 浓度下，小花退化减少，从而促进了穗粒数的增加。

株高是小麦高产的重要因素，株高过高容易发生倒伏，使产量下降；植株过矮使冠层叶片拥挤，中下部透光不良，影响籽粒灌浆。开顶式 CO_2 浓度控制试验结果表明(温民 等，1994)，700μmol/mol 的 CO_2 浓度使盆栽冬小麦京东 6 号拔节期、开花期和成熟期的株高分别增加 8%、17.7%、17.9%(CO_2 浓度从拔节期到成熟期处理 2 个月)；CO_2 梯度大棚的试验结果表明(白莉萍 等，2002)，594 μmol/mol 的 CO_2 浓度使冬小麦中育 5 号和北京 9701 在灌浆末期的株高分别增加 8%和 5.8%(CO_2 处理从开花期到收获期 1 个月)；温棚控制 CO_2 浓度试验结果表明(李伏生 等，2003)，700 μmol/mol 的 CO_2 浓

度使冬小麦西农 8727 的株高增加 21%(CO_2 浓度从拔节期到抽穗期处理 1 个月)。中国江苏稻麦轮作 FACE 定位试验结果表明(杨连新 等,2007a;2007b),CO_2 浓度比对照升高 200 μmol/mol 使冬小麦宁麦 9 号成熟期株高增加 4%。本研究与前人结果不尽相同,FACE 处理 550 μmol/mol CO_2 使冬小麦拔节期株高增加 5.12%,但是对冬小麦开花期和成熟期的株高没有显著影响。在对照 CO_2 浓度下,CA0493 的株高比宁麦 9 号高 2.3 cm,说明高浓度 CO_2 对高秆品种的株高促进作用仅体现在营养生长期,且 FACE 处理对冬小麦株高的增幅均低于气室条件下的研究结果。小麦叶片是光合产物形成的重要器官,叶面积的大小影响作物冠层对光能的利用。旗叶和倒 2 叶是籽粒灌浆物质的重要供应源。前人对高 CO_2 浓度条件下叶面积的变化特征研究,未区分不同叶位的变化。温民等(1994)的开顶式研究表明,CO_2 浓度倍增使小麦总叶面积在拔节期和开花期分别增加 38.7%和 6.6%。吴冬秀等(2002)的开顶式研究表明,CO_2 浓度倍增使春小麦高原 602 孕穗期的单株叶面积增加 20%。李伏生等(2003)的温棚研究表明,CO_2 浓度倍增使小麦孕穗期叶面积指数在低氮和高氮条件下分别增加 50%和 65%。江苏 FACE 平台下,高 CO_2 浓度(570 μmol/mol)使冬小麦宁麦 9 号抽穗期和抽穗后 20 天叶面积指数分别增加 37.4%、20.1%(杨连新 等,2007a;2007b)。我们的研究表明,FACE 处理(550 μmol/mol)使开花期旗叶面积和上部 3 叶的叶面积分别增加 14.87%、10.02%,且常规施氮的增幅高于低氮下的增幅。FACE 条件下,旗叶叶面积的增加主要是由于叶片伸长决定,对叶宽没有显著影响。叶面积增加的可能原因有:细胞伸长和细胞分裂对 CO_2 浓度都较为敏感,也可能是高浓度 CO_2 下,细胞伸长时间延长(Seneweera *et al*,2005)。综合几种不同的 CO_2 浓度控制方式的小麦试验研究结果,CO_2 浓度升高使小麦产量增加 13%～37%。美国 MaricopaFACE 试验结果表明,氮素和水分充足的条件下,CO_2 浓度升高使小麦增产 13%,氮素不足时,增幅降低至 8%(Pinter *et al*,1997)。中国江苏稻麦轮作

FACE 定位试验站对 2 个小麦品种开展研究，结果表明，高 CO_2 浓度(570 μmol/mol)使弱筋冬小麦宁麦 9 号产量增加 24.6%，低氮、中氮和高氮水平下，产量分别增加 15.2%、21.4%和 35.4%(杨连新等，2007)；使中筋小麦扬麦 14 产量增加 17.9%，低氮和高氮下，产量分别增加 14.9%、20.1%(崔昊 等，2011)。我们的研究表明，开放式 CO_2 浓度增加至 550 μmol/mol，使强筋小麦 CA0493 产量增加 18.3%，低氮和常规施氮条件下增幅分别为 6.0%、31.4%。几个 FACE 试验结果均表明，CO_2 浓度升高促进小麦产量增加，高氮下增幅大于低氮下增幅。单位面积的小麦产量是由单位面积穗数、穗粒数和粒重决定的。CO_2 浓度升高使小麦单位面积穗数、穗粒数增加。但是在各试验中，千粒重对 CO_2 浓度升高的响应不尽相同。杨连新等(2007a；2007b)的结果表明，CO_2 浓度升高使小麦单位面积穗数、穗粒数和千粒重分别增加 17.8%、2.9%和 4.8%，单位面积穗数增加是小麦产量增加的主要原因。在同 1 个 FACE 平台上对另外 1 个小麦品种，中筋小麦扬麦 14 的试验结果表明，CO_2 浓度升高使单位面积穗数和穗粒数分别增加 4.4%、11.6%，而对千粒重没有显著影响，穗粒数增加是小麦产量增加的主要原因(崔昊 等，2011)。这与本研究结果一致，开放式 CO_2 浓度升高使强筋小麦 CA0493 的单位面积穗数、穗粒数分别增加 5.3%和 14.5%，而对千粒重没有显著影响，穗粒数增加是增产的主要原因。穗粒数增加的可能原因是：CO_2 浓度升高使小麦旗叶面积增加，有助于提高光合速率和小麦干物质积累，从而减少了小花退化过程中的竞争，减少小花退化。而小麦不孕小穗数对高浓度 CO_2 的响应未见报道，本研究表明，CO_2 浓度升高降低了不孕小穗数，减少小花退化，从而增加了穗粒数。

2.3　CO_2 浓度升高对冬小麦旗叶和穗部 N 吸收的影响

由于化石燃料的使用及土地利用的变化，全球 CO_2 浓度日益增加，已从工业革命前的280 ppm上升到2005年的379 ppm(IPCC，2007)。预计到2050年，CO_2浓度升高到550 ppm(Houghton *et al*，2001)。小麦是全球重要的粮食作物。CO_2浓度升高使小麦产量增加13%～37%(Kimball，1983；Cure *et al*，1986；Amthor，2001；Long *et al*，2006)，但是，使蛋白质含量下降10%～20%(Jablonski *et al*，2002；Taub *et al*，2008)。蛋白质含量作为重要的营养指标，与植物含氮率密切相关。前人对CO_2浓度升高降低小麦叶片含氮率多有报道(Hocking，1991；Rogers *et al*，1996)，但是多为气室条件下，CO_2浓度较高。仅有美国Maricopa FACE和中国江苏稻麦轮作FACE试验报道过小麦叶片含氮率对自由大气CO_2浓度升高的响应。FACE条件下使小麦叶片含氮率下降的部分原因可能是CO_2浓度升高促进光合产物的积累，从而稀释了叶片的含氮率(Sinclair *et al*，2000；Norby *et al*，2001；Hungate *et al*，2003；Reich *et al*，2006a；杨连新 等，2007a)，但是缺乏氮素同化的研究。硝酸还原酶是高等植物氮素同化的限速酶(汤玉玮 等，1985)，可直接调节硝酸盐还原，从而调节氮代谢，并影响到光合碳代谢。本节以中国北京FACE为试验平台，探讨FACE对小麦旗叶氮含量的影响、FACE对不同生育期小麦籽粒氮含量的影响、FACE对小麦旗叶硝酸还原酶活性的影响。

小麦栽培管理：试验材料选取强筋小麦中麦175，由中国农业科学院作物所育成。施氮量设两个水平，常规施氮水平(NN，底肥118 kg＋追肥70 kgN/hm^2)和低氮水平(LN，底肥66 kg＋追肥17 kgN/hm^2)。尿素(N，46%)、磷酸二铵(N:P_2O_5＝13:44，%)和钾肥(K_2O，60%)做底肥，于播种前一天施用。追肥仅施用尿素(N，46%)，于小麦起身期施用。P和K不做试验处理，仅作底肥，施用量为165 kg P_2O_5/hm^2和90 kgK_2O/hm^2。小麦灌溉两次，冬前越冬水和起身水分别相当于30mm和60mm的降水量。

测定内容及方法：每个小区于小麦开花期(2008-5-17)，乳熟期(2008-6-7)取相邻4行，0.2m长面积内小麦植株，按分蘖比例选取

30 株小麦，将地上部按照穗、旗叶、其他叶和茎秆分开，烘干称重。各部位粉碎后，用凯式定氮法测定全氮含量。

每小区在开花期(2008-5-18)和乳熟期(2008-6-4)，选取 5 株小麦主茎旗叶，利用磺胺(对氨基苯磺酸胺)比色法测定 NO_2^- 含量，再计算酶活性，以每小时每克鲜重产生 NO_2^- 的 μg 量表示。

$$\text{NRA}[\mu\text{g}(\text{NO}_2^-)/(\text{g}\cdot\text{h})] = \frac{(C_{\text{重复}} - C_{\text{空白}}) \times \dfrac{V_t}{V_s}}{\text{FW} \times t}$$

式中：NRA 为硝酸还原酶活性，C 为样品液中 NO_2^- 的浓度(μg/mL)，V_t 为样品提取液总体积(mL)，V_s 为测定时取用样品提取液体积(mL)，FW 为鲜重(g)，t 为酶促反应时间(h)。

2.3.1　大气 CO_2 浓度升高对冬小麦不同生育期旗叶含氮率的影响

FACE 处理对冬小麦中麦 175 的旗叶含氮率的影响研究见图 2.5，结果表明，CO_2 浓度升高，旗叶含氮率下降 10.98%($P<0.01$)。开花期，FACE 处理使旗叶含氮率平均比对照降低 4.21%；乳熟期，FACE 处理使旗叶含氮率平均比对照降低 23.52%($P_{CO_2\times \text{growth stage}}=0.099$)。施氮量对两个生育期的旗叶含氮率均没有显著影响。CO_2 处理和施氮处理对旗叶含氮率的交互效应不显著。

2.3.2　大气 CO_2 浓度升高对冬小麦不同生育期穗含氮率的影响

FACE 处理对冬小麦中麦 175 的穗含氮率的影响研究见图 2.6，结果表明，CO_2 处理与生育期存在交互效应($P<0.05$)。开花期，FACE 处理使穗含氮率平均比对照降低 14.59%；乳熟期，FACE 处理使穗含氮率平均比对照增加 7.59%。施氮量及其与 CO_2 处理的交互效应对中麦 175 的穗含氮率均无显著影响。

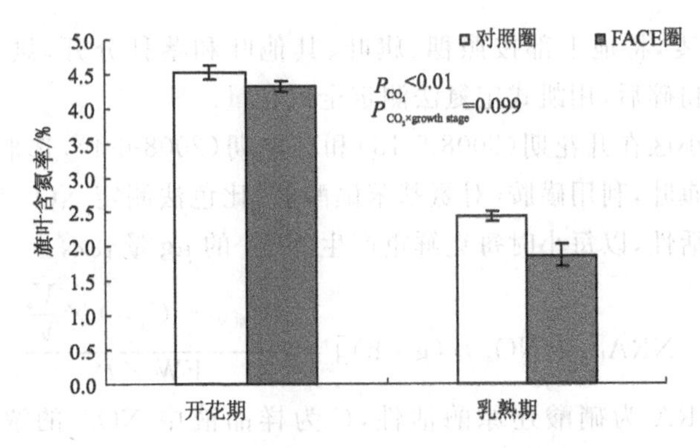

图 2.5 FACE处理对冬小麦的旗叶含氮率的影响

（P值为统计检验显著性，$P>0.05$：差异不显著；$P<0.05$：差异显著；$P<0.01$：差异极显著）

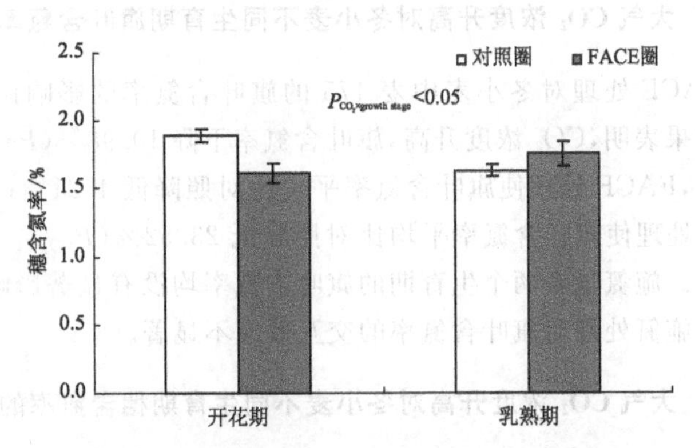

图 2.6 FACE处理对冬小麦的穗含氮率的影响

（P值为统计检验显著性，$P>0.05$：差异不显著；$P<0.05$：差异显著；$P<0.01$：差异极显著）

2.3.3 大气CO_2浓度升高对氮素在冬小麦各器官中的分配的影响

FACE处理对冬小麦中麦175的氮素分配的影响研究见图2.7，结果表明，开花期（图2.7a），FACE处理使茎部氮素分配显著增加10.60%，而使叶部和籽粒氮素分配分别降低9.04%（$P<$

0.05)，4.66%（P>0.05）。乳熟期（图 2.7b），FACE 处理使籽粒氮素分配显著增加 7.29%，而使茎和叶氮素分配分别降低 9.24%（P>0.05），20.79%（P<0.01）。这说明了随着生殖生长进程的发展，CO_2 浓度升高加大了籽粒对氮素的需求，氮素由叶片向籽粒运转。施氮量及其与 CO_2 处理的交互效应对氮素分配没有显著影响。

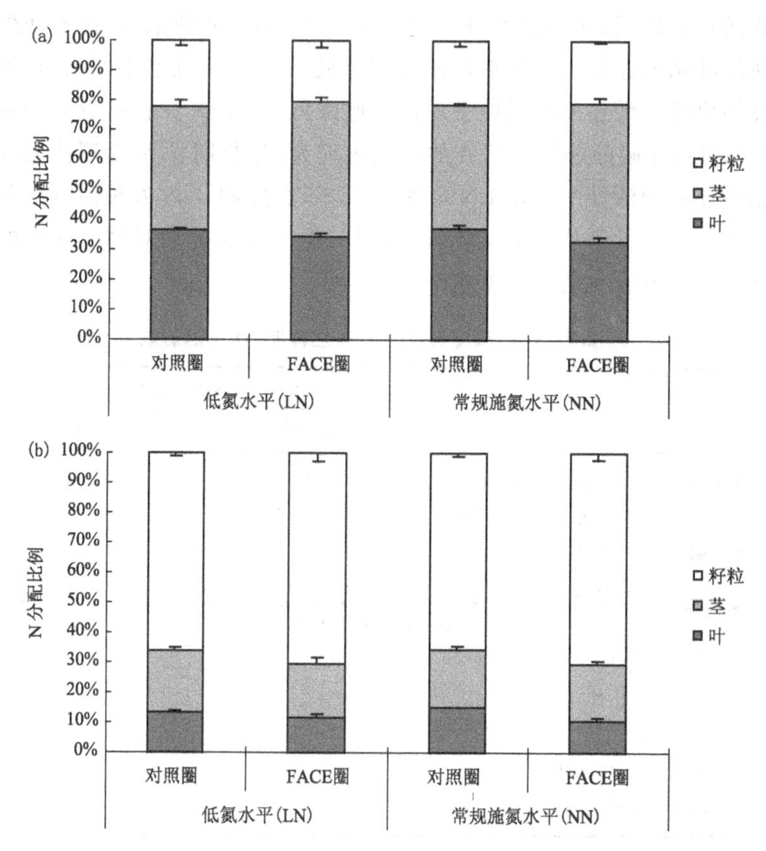

图 2.7　FACE 处理对不同施肥量处理的冬小麦氮素分配的影响
（(a)开花期；(b)乳熟期）

2.3.4 大气 CO_2 浓度升高对冬小麦不同生育期旗叶硝酸还原酶活性的影响

FACE 处理对冬小麦中麦 175 的旗叶硝酸还原酶活性的影响研究见表 2.5，结果表明，CO_2 浓度升高使两个生育期的旗叶硝酸还原酶活性均降低，平均降低 19.48%（$P<0.05$）。开花期，FACE 处理使旗叶硝酸还原酶活性平均比对照降低 26.37%；乳熟期，FACE 处理使旗叶硝酸还原酶活性平均比对照降低 10.40%。施氮量对中麦 175 的旗叶硝酸还原酶活性的影响表现为，开花期，NN 处理使旗叶硝酸还原酶活性平均比 LN 增加 4.75%，乳熟期，NN 处理使旗叶硝酸还原酶活性平均比 LN 增加 3.80%，但是施氮处理对硝酸还原酶活性的影响没有达到显著水平。

表 2.5 CO_2 浓度升高对不同生育期 NRA 的影响

生育期	施 N 量	NRA/[μgNO_2^-/(g·h)]	
		对照圈	FACE
开花期	低氮水平(LN)	1572.09	1105.07
	常规施氮水平(NN)	1584.82	1219.45
乳熟期	低氮水平(LN)	1163.63	1065.44
	常规施氮水平(NN)	1232.41	1081.40
统计检验显著性(P-Values)			
生育期		0.065	
CO_2 浓度		*	
施 N 量		ns	
生育期×CO_2 浓度		ns	
CO_2 浓度×施 N 量		ns	

注：ns：差异不显著；*：$P<0.05$

2.3.5 结论与讨论

大量研究表明（Rogers *et al* 1996，Dijkstra 1999，Norby *et al*

2001，李伏生 等 2002，Hungate *et al* 2003，Reich *et al* 2006a)，CO_2 浓度升高使植物含氮率降低，降低程度因物种、植物器官和施氮量而异。CO_2 浓度倍增条件下，树木叶片和植株的含氮率平均降低 21%和 15%(McGuire,1995)。通过对 378 个的 CO_2 浓度升高试验综合分析，植物含氮率平均降低 14%，叶片和根系的含氮率降低报道较多(Cotrufo,1998)。低 N 条件下，CO_2 浓度升高使小麦叶片 N 含量下降了 22%，高 N 条件下则无明显变化(Rogers *et al*，1996)。杨连新等(2007a;2007b)研究表明，CO_2 浓度升高 200 ppm 使小麦不同生育时期全株 N 含量显著降低，且低 N 条件下的降幅大于中、高 N 条件；低、中、高 N 条件下 FACE 小麦植株 N 含量全生育期分别平均降低 12.3%、10.7%、5.6%。本研究中 CO_2 浓度使小麦旗叶的含氮率下降 10.98%(图 2.5)，但是施氮量对旗叶的含氮率没有显著影响。

然而，CO_2 浓度升高使植物含氮率下降的原因并不确定。一种假设是 CO_2 浓度升高使植物生物量的增幅大于吸氮量的增幅(稀释效应)，引起植物含氮率下降(Norby *et al*，2001；Hungate *et al*，2003；Reich *et al*，2006a；杨连新 等，2007a)。本文从另一角度对高 CO_2 浓度使小麦叶片含氮率下降进行研究。植物的主要氮源是无机氮化物，无机氮化物以铵盐和硝酸盐为主，它们广泛地存在于土壤中。植物从土壤中吸收的铵盐可以直接利用它去合成无机氮化物，而从土壤中吸收硝酸盐后，必须经过代谢还原才能利用。硝酸盐的还原首先是 NO_3^- 还原为 NO_2^-，再还原成 NH_4^+，最后合成无机氮化物。NO_3^- 还原成 NO_2^- 的过程是由细胞质中的硝酸还原酶(NR)催化的，它主要存在于植物的根和叶子中。开顶式试验的研究表明，高浓度 CO_2(600 ppm)导致小麦叶片硝酸还原酶活性下降(Pal *et al*，2005)，但是没有研究叶片氮含量的变化；Hocking *et al* (1991)在气室条件下研究表明，CO_2 浓度升高到 1500 ppm 降低了小麦硝酸还原酶的活性(处理 8 周)。然而，有关自由大气 CO_2 浓度升高对硝酸还原酶活性影响的研究并不多见。自由大气 CO_2 浓度升高 200

ppm使水稻叶片硝酸还原酶活性升高(Vivin *et al*,1996;胡健 等,2006)。本研究表明,CO_2浓度升高使小麦旗叶硝酸还原酶活性降低19.48%(表1)。这说明CO_2浓度升高抑制了NO_3^-的还原,从而降低了小麦旗叶的含氮率。Bloom *et al* (2010)利用五种不同的方法,均表明720 ppmCO_2浓度抑制了NO_3^-的还原,与本文的结果一致。

随着生殖进程的发展,CO_2浓度升高加大了籽粒对氮素的需求。首先,籽粒含氮率对CO_2浓度升高的响应表明,FACE处理使小麦开花期穗含氮率下降,而乳熟期升高(图2.6)。其次,氮素分配对CO_2浓度升高的响应表明,CO_2浓度升使乳熟期籽粒氮素分配显著升高7.29%,而显著降低了叶片的氮素分配20.79%(图2.7b)。为了满足CO_2浓度升高条件下,籽粒对氮素的更多需求,根部吸收的氮素更多地向穗部运转,从而提高了乳熟期小麦穗部含氮率和氮素分配。中国另一个稻麦轮作的FACE试验也有相似结果,CO_2浓度升高使小麦穗部氮分配抽穗期下降10.3%,结实中期增加12.2%(杨连新 等,2007a)。

本研究表明,CO_2浓度升高加大了小麦籽粒对氮素的需求;小麦在高CO_2浓度条件下,旗叶硝酸还原酶活性下降使旗叶含氮率下降。高CO_2浓度使硝酸还原酶活性下降,说明其抑制了NO_3^-的还原。适量增加氮肥用量,可以提高硝酸还原酶的活性(Pal *et al*,2005),从而提高NO_3^-的同化。但是,本研究中,相比LN处理,NN处理对硝酸还原酶的活性没有显著增加,说明NN处理的施氮量已经处于较高水平,继续增加氮肥用量不会促进NO_3^-的还原,反而会给环境带来负面影响。以NH_4^+为唯一氮源的试验表明(Bloom *et al*,2002),CO_2浓度升高促进植物小麦生长,对以NH_4^+为唯一氮源的增幅高于以NO_3^-为唯一氮源的增幅。因此,在未来CO_2浓度升高条件下,加强肥料管理,而不是单一地增加施肥量,加大对NH_4^+肥料的研究有利于植物吸收更多氮素,以环境友好的形式增加产量。

2.4　CO_2 浓度升高与水分互作对冬小麦生长发育的影响

未来 CO_2 浓度升高和降水的变化会直接影响小麦的生长发育和产量水平，因此研究高浓度 CO_2 与水分互作对小麦的影响对于中国未来的粮食安全有重要意义。CO_2 是作物光合作用底物，CO_2 浓度升高对作物生理以及产量形成具有重要影响。以往研究表明，CO_2 浓度升高，春小麦叶片光合速率、单叶水分利用率将增加，气孔导度、蒸散量则减小。在 CO_2 倍增的条件下，植物净初级生产力大约可提高 23%，小麦、水稻和大豆产量增加 12%～14%。水的限制通常能够增加植物对高浓度 CO_2 的响应，作物模型模拟表明，高 CO_2 浓度下雨养小麦生物量的增幅高于灌溉小麦。干旱条件下高浓度 CO_2 能够缓解水分不足对冬小麦生长的不利影响，促进 CO_2 肥效的发挥。然而以往试验研究大多来自于密闭式或开顶式气室的研究结果，具有相对理想的温湿度控制条件，但由于控制环境条件仅限于气室内部，往往脱离了开放的大田客观环境，在光照、温度、风速等方面和生产实际情况存在一定差距，对客观认识大田环境中 CO_2 的影响作用还存在一定局限。目前，对于 CO_2 浓度升高对作物影响相对理想的试验设施为开放式大气 CO_2 富集系统（FACE），其在农田环境的光照、风速、土壤湿度等方面更具有客观代表性，对土壤水分和养分运移也符合大田基本规律，但由于 FACE 试验在 CO_2 气体供给以及设施建设方面投资相对较高，目前全球也仅有约 30 个类似试验站点，而进行小麦研究的站点仅 4～5 个，开展不同水分条件下 CO_2 对冬小麦生长发育和产量影响研究还少见报道。研究 CO_2 浓度升高以及其与水分条件互作对冬小麦生长发育的影响及其生理响应机制，为适应气候变化提供一定的理论基础，将为保障中国小麦持续稳产增产提供参考依据。

试验方法：(1)水分控制。土壤水分采用英国剑桥生产的 HH2

Moisture Meter DELTA-T DEVICES测定土壤体积含水量，传感器深度为6 cm，同步配置空白无作物土盆参照，先测量表层10 cm土壤含水量，然后对10～20 cm土层进行测定，根据每盆土壤水分的情况，并依据体积含水量(θ_V)＝质量含水量(θ_w)×土壤容重(r_c)/水的密度($\rho_{水}$)，质量含水量＝水的质量/干土质量，得出75％田间持水量和55％田间持水量的盆中最大需水为6.7 kg和4.9 kg，然后根据测定的体积含水量求出土壤水的质量，二者差值即为每盆所加水的质量。通过对每盆浇水后3 h、14 h和24 h的测定表明，能够实现盆栽土壤水分含量的相对等级控制，下雨期间用遮雨布遮挡。(2)试验设计。本研究为盆栽试验，采用裂区试验设计，CO_2为主处理，设置大气CO_2浓度(C，400 μmol/mol)和FACE浓度(F，550 μmol/mol)两个水平，设置低水分(D，55％的田间持水量)和高水分(W，75％田间持水量)两个水平，共4个处理，每个处理12次重复，共48盆，氮磷钾肥含量充足且相同，每盆每千克干土施0.16 g纯氮，0.08 g P_2O_5，0.064 g K_2O。土壤过筛(1 cm)，称取45 kg土装入高37.0 cm、上内径44.0 cm、下内径33.5 cm的白色塑料盆中。播种前先施肥后浇透水，水下渗后播种，每盆播7穴，每穴精选种子4粒，覆土5 cm。2011年10月13日播种小麦，2011年10月19日出苗。(3)测定内容和方法。叶片光合参数测量：使用便携式光合气体分析系统(L16400，Li-Cor Inc，Lincoln NE，USA)测定气体交换参数，包括叶片净光合速率(P_n)、蒸腾速率(T_r)和气孔导度(G_s)，并计算叶片瞬时水分利用效率(WUE＝P_n/T_r)。在拔节期(2012-04-20)、孕穗期(2012-05-01)、开花期(2012-05-10)和乳熟期(2012-05-25)的晴天，于08:30—11:30进行测定。测定时每个处理选取4盆长势一致的4株小麦，于主茎完全展开功能叶的中部进行测定，拔节期选取主茎完全展开倒二叶测定，孕穗期、开花期、乳熟期选取旗叶测定。测定时使用内置红蓝光源，光量子通量密度(PPFD)为1600 μmol/(m^2·s)，叶室温度设定在25℃。植株生物量和产量测量：分别在拔节期(2012-04-22)、孕穗期(2012-05-03)、开花期(2012-05-13)、灌浆期

(2012-05-29)、蜡熟期(2012-06-10)对每个处理选取长势一致的 15 株小麦用毫米刻度尺测量其株高。然后将植株装入纸袋中先置于 105°C 烘箱中杀青 30 min,后降温到 80℃左右烘干至恒重,测定其地上部生物量。在蜡熟期(2012-06-10)每个处理选取长势一致的 15 株小麦,测其单株穗数、穗粒数、千粒重和单株产量。

2.4.1　CO_2 浓度升高与水分互作对冬小麦光合参数的影响

由图 2.8 可见,在两种水分条件下,高浓度 CO_2 处理的冬小麦叶片净光合速率均高于相应的正常 CO_2 处理,而叶片的气孔导度和蒸腾速率则相反,从而导致叶片瞬时水分利用效率增高。在整个生育期,不考虑水分条件的影响,高浓度 CO_2 处理的冬小麦叶片净光合速率和水分利用效率比正常 CO_2 处理平均增加 16.2% 和 45.7%,而气孔导度和蒸腾速率平均降低 34.5%和 18.6%。方差分析表明,冬小麦各生育期 CO_2 浓度升高对叶片净光合速率、水分利用效率、气孔导度和蒸腾速率的影响均达到了显著水平。可见,在本试验条件下,CO_2 浓度升高提高了冬小麦叶片的净光合速率和水分利用效率,降低了冬小麦的气孔导度和蒸腾速率。

对比不同水分条件下冬小麦叶片光合参数的变化可见(图 2.8),CO_2 浓度升高对冬小麦净光合参数的影响程度是不同的。在高水分条件(75%田间持水量)下,高浓度 CO_2 使冬小麦净光合速率和水分利用效率平均增加 13.3%和 39.3%(均与大气 CO_2 浓度对比,下同),气孔导度和蒸腾速率平均降低 32.7%和 17%,而在低水分条件(50%田间持水量)下,光合速率和水分利用效率平均增加 19.2%和 52.1%,气孔导度和蒸腾速率平均降低 36.4%和 21%。方差分析表明,低水分条件下高浓度 CO_2 对冬小麦光合速率、水分利用效率的增幅比高水分条件下相对增加 5.4%($P<0.05$)和 11.4%($P<0.05$),气孔导度、蒸腾速率的降低幅度比高水分条件下高出 2.3%和 5%($P<0.01$)。因此,相对于高水分条件,低水分条件下高浓度 CO_2 更能缓解水分不足对冬小麦叶片净光合速率、水分利

用效率、气孔导度和蒸腾速率的不利影响。

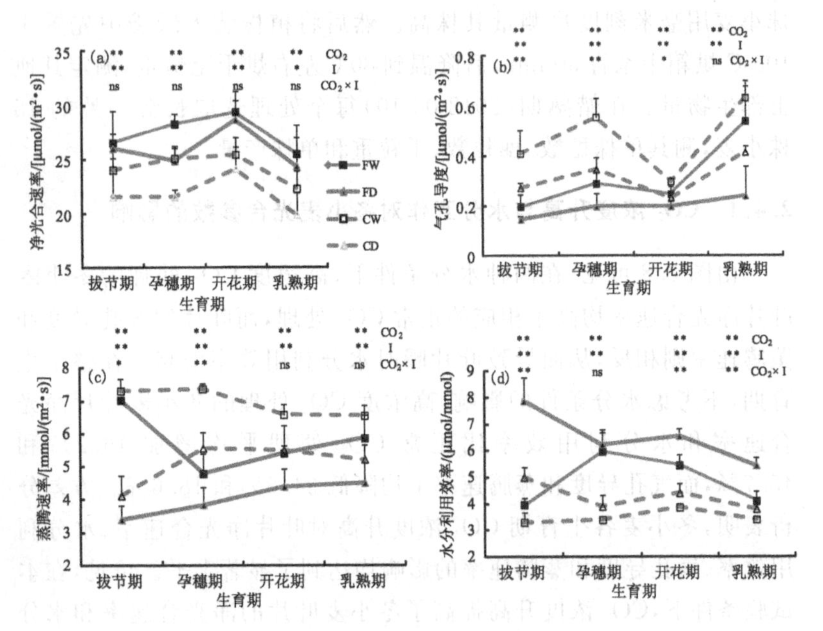

图 2.8　不同处理冬小麦叶片光合参数的变化

(FW 为高水分＋CO_2 增强处理，FD 为低水分＋CO_2 增强处理，CW 为高水分＋正常大气 CO_2 处理，CD 为低水分＋正常大气 CO_2 处理。I 为水分，ns 表示不显著，*、** 分别表示相应生育时期 CO_2、水分及其交互作用的差异分析达到 $P<0.05$ 和 $P<0.01$ 水平。下图同)

2.4.2　CO_2 浓度升高与水分互作对植株生物量和产量的影响

冬小麦植株生物量是产量形成的基础，生育过程中物质积累动态与产量构成要素之间存在密切联系。由图 2.9 可见，在两种水分条件下，高浓度 CO_2 处理中冬小麦株高、地上部生物量和单株产量均高于相应的正常 CO_2 处理。在整个生育期，不考虑水分条件的影响，高浓度 CO_2 处理中冬小麦株高、地上部生物量和单株产量比正常 CO_2 处理平均分别增加 6.2%、18.0% 和 18.5%。方差分析表明，冬小麦各生育期 CO_2 浓度升高对株高和地上部生物量的影响在孕穗期以后就达到了显著水平，对单株产量的影响也达到了显著水平。可见，在本试验条件下，CO_2 浓度升高提高了冬小麦株高、地上部生物量和单株产量。

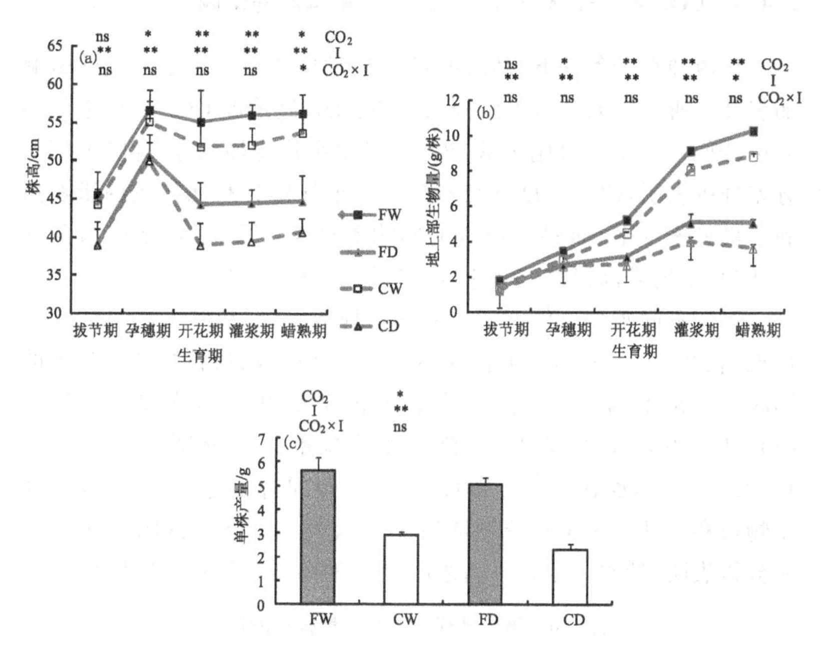

图 2.9　不同处理冬小麦植株株高、生物量和产量的变化

对比不同水分条件下冬小麦株高、地上部生物量和产量的变化可见（图 2.9），CO_2 浓度升高对冬小麦株高、地上部生物量和单株产量的影响程度是不同的。在高水分条件下（75%田间持水量），高浓度 CO_2 使冬小麦株高、地上部生物量和单株产量平均增加 4.8%、17.8%和 11.4%，而在低水分条件下（50%田间持水量），株高、地上部生物量和单株产量平均增加 7.6%、18.2%和 25.6%。方差分析表明，低水分条件下高浓度 CO_2 对冬小麦株高、地上部生物量的增幅比高水分相对增加 5.5%、10.8%，在灌浆期均达到了显著水平，

单株产量的增幅比高水分条件下相对增加12.8%，也达到了显著水平。表明相对于高水分条件，低水分条件下高浓度CO_2更能缓解水分不足对冬小麦株高、地上部生物量和单株产量的不利影响。

2.4.3 CO_2浓度升高与水分互作对产量构成的影响

在两种水分条件下，高浓度CO_2处理中冬小麦产量构成的影响如表2.6所示。如不考虑水分条件的影响，高浓度CO_2处理中冬小麦单株穗数和穗粒数比正常CO_2处理中平均增加8.8%和20.5%。方差分析表明，CO_2浓度升高对冬小麦单株穗数和穗粒数的影响达到了极显著水平，而对千粒重的影响不显著。可见，在本试验条件下，CO_2浓度升高提高了冬小麦单株穗数和穗粒数。

对比不同水分条件下冬小麦单株穗数、穗粒数和千粒重的变化可见（表2.6），CO_2浓度升高对冬小麦单株穗数、穗粒数和千粒重的影响程度是不同的。在高水分条件下（75%田间持水量），高浓度CO_2使冬小麦单株穗数、穗粒数和千粒重平均分别增加8.7%、15.3%和1%，而在低水分条件下（50%田间持水量），株高、地上部生物量和单株产量平均分别增加8.8%、25.7%和2%（图2.9）。方差分析表明，低水分条件下高浓度CO_2对冬小麦穗粒数的增幅比高

表2.6 不同处理冬小麦产量构成的比较

	水分	CO_2		F/C	差异显著性水平		
		高CO_2浓度(F)	当前CO_2浓度(C)		CO_2	水分	CO_2×水分
单株穗数	高(W)	2.73±0.17	2.51±0.28	1.087	0.014	<0.001	0.579
	低(D)	1.55±0.17	1.42±0.15	1.088			
穗粒数	高(W)	46.29±9.93	40.16±9.67	1.153	<0.001	<0.001	0.611
	低(D)	38.38±7.56	30.52±9.23	1.257			
千粒重/g	高(W)	49.18±0.51	48.50±0.19	1.01	0.100	<0.001	0.926
	低(D)	44.50±0.50	43.8±0.20	1.02			

水分条件下高9.1%，达到显著水平，而对单株穗数和千粒重的促进作用并没有显著的差异。因此，相对于高水分条件，低水分处理下高浓度CO_2更能缓解水分不足对冬小麦穗粒数的不利影响。

2.4.4　结论与讨论

2.4.4.1　高浓度CO_2对冬小麦生长发育的影响

本研究表明，550 μmol/mol的高浓度CO_2处理较400 μmol/mol的对照处理，冬小麦气孔导度和蒸腾速率平均降低了34.5%和18.6%，这是因为气孔作为植物向叶内扩散CO_2和向叶外扩散水分的主要通道，CO_2浓度升高后，气孔首先对其做出响应，导致部分气孔关闭，气孔张开度变小，直接引起气孔导度下降以及蒸腾速率的降低。本试验结论与以往的气室和FACE试验中趋势性结论一致，如在FACE试验中多种植物气孔导度平均降低22%（Ainsworth *et al*，2007a;2007b)，气室条件下冬小麦蒸腾速率降低23.5%（李伏生 等，2003）。另本研究结果显示，CO_2浓度升高使光合速率平均提高了16.2%，这主要是因为目前大气中CO_2浓度较低，限制了光合关键酶Rubisco羧化酶的羧化效率，CO_2浓度升高后，虽然气孔导度降低，气孔张开度变小，但是细胞间隙内CO_2浓度升高（王润佳 等，2010），因此提高了Rubisco羧化酶的羧化效率，增强了作物碳固定的能力同时抑制Rubisco加氧酶的活性，降低了作物光呼吸的强度（Reddy *et al*，2010）。因此CO_2浓度升高后冬小麦叶片光合速率显著提高，其他方法研究的结果也证实，C_3作物和豆科作物光合速率分别提高13%和19%（Leakey *et al*，2009）。

CO_2浓度升高对净光合速率和蒸腾速率均有影响，水分利用效率为净光合速率和蒸腾速率的比值，因此未来CO_2浓度升高对冬小麦水分利用效率也会有一定的影响（Wu *et al*，2004）。本研究表明，CO_2浓度升高到550 μmol/mol较大气浓度400 μmol/mol使叶片水分利用效率平均提高了45.7%，这是由于光合速率提高了16.2%、蒸腾速率降低 18.6%，两者共同作用所导致的，即光合速率提高、蒸腾速率下降导致。然而有学者认为 CO_2 浓度升高导致光适应现象使净光合速率并未增加，而仅是蒸腾下降，从而引起叶片水分利用率的升高（王润佳 等，2010）。本研究认为虽然作物可能产生光合适应，但目前试验处理的条件下高浓度 CO_2 使冬小麦净光合速率显著增加。因此，CO_2 浓度升高导致的叶片水分利用效率升高，是由叶片净光合速率提高和蒸腾速率降低共同作用的结果（申双和 等，2009）。

本研究在 FACE 系统下 CO_2 浓度升高使冬小麦的株高、地上部生物量和单株产量平均分别增加 6.2%、18.0%和 18.5%，产量的提高是因为 CO_2 浓度升高增加了冬小麦单株穗数和穗粒数，平均增幅分别为 8.8%和 20.5%，且达到了显著水平，而对冬小麦千粒重的影响并未达到显著水平。这主要是因为 CO_2 浓度升高使冬小麦光合速率和水分利用效率显著提高，从而促进了冬小麦生长和产量形成。本试验结果与其他研究结果类似（Taub，2010；杨连新 等，2007），即 CO_2 浓度升高后，小麦地上部生物量增加 16%，产量增加 24.6%，株高增加 4%。

2.4.4.2 不同水分条件对冬小麦 CO_2 肥效的影响

本试验表明在不同水分条件下，CO_2 浓度升高对冬小麦生理与形态指标等的影响程度有所不同。CO_2 浓度升高可以促进小麦光合、抑制蒸腾以及削弱干旱对光合作用的抑制作用（杨连新 等，2007a；2007b），在一定程度上缓解了水分不足对冬小麦生长的不利影响。本研究结果显示，高浓度 CO_2 条件下，低水分处理冬小麦气孔导度、蒸腾速率的降幅比高水分条件下降幅更大，相对分别增加 2.3%和 5%；对光合速率和水分利用效率的增幅更强，比高水分条件下相对分别增加 5.4%和 11.4%。气孔是控制植物同外界环境进行气体和水分交换的门户，其行为能够调节和控制光合与蒸腾。CO_2 浓度升高后，低水分条件下冬小麦叶片气孔导度降低幅度高于高水分处理，这使得冬小麦叶片蒸腾速率的降幅也显著高于高水分条件，所以在低水分条件下高 CO_2 浓度使冬小麦保水能力高于高水分条件。保水能力的增强使光合速率与水分利用效率增幅提高，促进冬小麦株高、地上部生物量和单株产量的增幅在低水分条件下比高水分条件下分别高 5.5%、10.8%和 12.8%。高浓度 CO_2 条件下冬小麦单株产量的增幅在低水分条件下比高水分条件下增加，主要是因为与高水分条件相比，低水分条件下高浓度 CO_2 使冬小麦虽然绝对量上降低，但穗粒数的增幅较大气 CO_2 水平更高，而单株穗数和千粒重的增幅没有显著的增加。本结果与以往气室内研究结果一致，高浓度 CO_2 对春小麦光合速率、气孔导度、蒸腾速率和水分利用效率的影响在干旱条件下的促进幅度比在湿润条件下增加（李伏生等，2003）。

从本试验 CO_2 对冬小麦生长发育影响与以往气室试验结果比较来看，对于基本的作物生理机制而言，FACE 系统和其他气室试验基本趋势性结果一致，在资金和设施条件限制情况下，开放或密闭气室仍然是一种可行的选择。此外，在 FACE 系统 550 μmol/mol CO_2 浓度小麦的光合速率依然保持增加的趋势，说明在 400～550 μmol/mol 浓度条件下，尚未出现明显的光适应现象。再者，高浓度 CO_2 降低了干旱给小麦带来的胁迫程度，增加了植株的保水能力，缓解水分不足对冬小麦产量的不利影响，对干旱和半干旱区小麦生产的正向补偿作用更明显。本试验低水分条件为轻度干旱处理，对于中度与严重干旱水平下冬小麦 CO_2 肥效表现是否与本试验结果一致还需要进一步地深入研究。

第3章 大气CO_2浓度升高对水稻的影响

水稻是世界上最重要的作物之一，也是中国第一大作物。据2003年的统计，全世界的稻作产量高达5.89亿t。在亚洲就有5.34亿t的产量。而全世界稻田总面积可达150万km^2。工业革命以来，全球大气中CO_2浓度不断升高已是不争的事实。CO_2是植物光合作用的原料，大气CO_2浓度升高势必对植物的生长发育过程产生深刻的影响。水稻作为C_3植物，CO_2浓度升高对C_3植物的影响会比C_4植物大，未来大气CO_2浓度升高对水稻会有较大的影响，本章内容将就通过分析国内相关工作结果，就大气CO_2浓度升高对水稻光合生理、生长发育、生物量、产量、N、P、K元素吸收分配和品质等方面进行综述，阐明大气CO_2浓度升高对水稻的综合影响。

3.1 大气CO_2浓度升高对水稻光合生理的影响

叶绿素含量会影响植物光合作用。在半开放式梯度温室的试验结果发现：在灌浆期之前，CO_2浓度升高对水稻叶片内叶绿素含量无显著影响。灌浆期，CO_2浓度升高使水稻叶片叶绿素含量显著增加13.41%～16.74%(谢立勇 等，2009)。在中国江苏FACE试验研究发现：高氮条件下，大气CO_2浓度升高使叶绿素总量(叶绿素a+叶绿素b)平均增加8.3%～26.7%，其中叶绿素a含量平均增加7%～25%、叶绿素b含量平均增加13%～38%，叶绿素a/b值减少4%～10%。低氮条件下，大气CO_2浓度升高使叶绿素总量(叶绿素

a+叶绿素 b)平均降低 3.7%~6.6%，其中叶绿素 a 含量平均降低 4%~6%，叶绿素 b 含量平均降低 4%~6%，叶绿素 a/b 值减少 2%~4%(周娟 等，2008)。可见，大气 CO_2 浓度升高对水稻叶片叶绿素含量的影响与 N 素的供应有关。

CO_2 是绿色植物进行光合作用的底物，其浓度的改变必然对植物的光合效率产生影响。多数研究发现短期内高 CO_2 浓度使植物的光合作用增加，但当长期处于高 CO_2 浓度条件下时，植物会出现光合适应或下调现象。江苏 FACE 试验大气 CO_2 浓度对水稻光合作用影响试验发现：在不同 CO_2 浓度下测定时，高 CO_2 浓度(580 mol/mol)条件下生长的水稻叶片的净光合速率、碳同化的表观量子效率和水分利用率明显高于普通空气(380 μmol/mol)下生长的水稻叶片。但是，这种高 CO_2 浓度对光合作用的促进作用会随着处理时间的延长逐渐减小，出现一定程度光合适应现象。大气 CO_2 浓度升高会使水稻叶片的气孔导度下降，对水稻叶片胞间 CO_2 浓度无显著影响，该研究认为长期高 CO_2 浓度条件下水稻叶片的光合适应现象的原因并不是由于叶片气孔导度下降(廖轶 等，2002)。其他研究认为：水稻高 CO_2 浓度下出现的光合适应现象与叶肉细胞中参与光合作用的酶(如 Rubisco)含量和活性降低有关(Nakano *et al*，1997；Seneweera *et al*，2002)，或由高浓度 CO_2 使水稻体内碳水化合物的大量积累构成对光合作用的反馈抑制所导致，或与水稻生育后期群体呼吸增加及冠层叶片早衰有关(林宏伟 等，1998)。长期高 CO_2 浓度条件下水稻叶片的光合适应现象的原因有待今后进行更深入的研究。

3.2 大气 CO_2 浓度升高对水稻生长发育的影响

3.2.1 大气 CO_2 浓度升高对水稻生育期的影响

大气 CO_2 浓度增加使水稻叶片的气孔导度明显降低，使植株的蒸腾作用降低，提高了水分利用率。但气孔导度的降低会使叶片的蒸腾降温减弱，使叶片温度升高，改变了整个冠层的温度环境。罗卫红等(2002)在FACE试验中对水稻抽穗至成熟期冠层微气候的连续观测表明：从开花至成熟期，大气CO_2浓度升高使水稻冠层白天平均温度比对照高0.43℃。冠层温度的升高会影响水稻的发育进程，中国FACE研究表明，高CO_2浓度使粳稻武香粳14播种期至抽穗期、抽穗期至成熟期和全生育期的天数平均分别缩短31.4、2.14和5.18d，增施N肥可以减缓高CO_2浓度对生育期的缩短程度(黄建晔 等，2002;2005)。IPCC报告(2007)指出：温室气体(包括CO_2)浓度升高会影响全球气温升高，气温升高会加快水稻发育速度，使水稻生育期缩短，影响水稻产量。但对我国东北地区来说，升温和水稻叶温的升高对水稻生产利大于弊。

3.2.2 大气CO_2浓度升高对水稻株高、穗长的影响

利用FACE系统对65个水稻Asominori/IR24染色体片段置换系(Chromosome segment substitution lines，简称CSSLs)的研究发现，大气CO_2浓度升高使60个株系水稻株高显著增高，仅有5个株系株高下降。大气CO_2浓度升高使50个株系穗长增加，而有15个株系穗长下降。对水稻株高性状的数量性状位点(QTL)进行分析发现，对CO_2浓度增加敏感的QTL位点可能受到CO_2浓度增加的诱导，控制水稻株高性状的QTL与CO_2增加的环境发生了互作效应(范桂枝 等，2007)。

3.2.3 大气CO_2浓度升高对水稻叶片生长的影响

叶片是水稻光合作用的主要器官，叶片的大小会影响水稻的光合作用。江苏FACE试验表明，CO_2浓度升高后，水稻叶面积和叶干重在生育前期明显增加，但生育中后期则与对照的差异缩小甚至明显低于对照。CO_2浓度升高后，在生长前期水稻单叶面积没有明显变化，但抽穗后水稻剑叶叶面积显著减小20%以上。这可能会影

响水稻的个体及群体光合作用(杨连新 等,2006)。

3.2.4 大气 CO_2 浓度升高对水稻根系生长发育的影响

中国江苏 FACE 平台对水稻根系生长情况研究发现:大气 CO_2 浓度升高使水稻不同生育期每穴不定根的数量、长度、体积和重量显著增加(杨洪建 等,2005)。在分蘖期和拔节期,大气 CO_2 浓度升高使水稻不定根粗度极显著增加。大气 CO_2 浓度升高,使水稻单位干重根系的总吸收面积、活跃吸收面积最大值出现的时间提早 10 d 左右,移栽后 18 d 及其以后不同生育时期单位干重根系的总吸收面积、活跃吸收面积、A-萘胺氧化量均显著下降。大气 CO_2 浓度升高使水稻生育前期根系生长量大(杨连新 等,2006)。CO_2 浓度升高使水稻各生育期的根冠比显著增加,在低 N 肥处理条件下尤其严重(陈改苹 等,2005)。

3.2.5 大气 CO_2 浓度升高对水稻生物量积累的影响

江苏 FACE 试验研究表明:大气 CO_2 浓度升高使移栽至抽穗后 20d 的水稻干物质积累量显著增加,使抽穗后 20 d 至成熟期的干物质生产量显著减少,水稻生物产量显著提高。大气 CO_2 浓度升高后,在移栽至抽穗期由于叶面积系数和净同化率的提高使水稻干物质积累量增加。抽穗期至抽穗后 20d,大气 CO_2 浓度升高使水稻叶面积系数增加进而促进了干物质积累量增加。抽穗后 20d 至成熟期,由于净同化率的下降使干物质生产量减少(黄建晔 等,2003)。

3.2.6 大气 CO_2 浓度升高对水稻颖花分化和退化的影响

大气 CO_2 浓度升高对水稻每穗 1、2 次枝梗的分化数及 1 次枝梗的退化数、退化率均无显著影响,但使 2 次枝梗的退化数、退化率显著提高,使 2 次枝梗现存数明显减少。大气 CO_2 浓度升高对水稻每穗 1、2 次颖花的分化数和 1 次颖花的退化数、现存数、退化率均无显著影响,但会使每穗 2 次颖花的退化数和退化率显著提高。大气

CO_2浓度升高使水稻每穗颖花现存数显著减少的主要原因是由于大气CO_2浓度升高使现存1次枝梗上2次枝梗大量退化引起2次颖花退化所致。大气CO_2浓度升高使水稻1次颖花现存数占全穗的比率显著增加,使2次颖花现存数占全穗的比率显著降低(杨洪建等,2002)。

3.3 大气CO_2浓度升高对水稻产量及产量构成的影响

谢立勇(2009)梯度温室研究结果表明:大气CO_2浓度使水稻籽粒灌浆增长和灌浆速率显著增加,并随着大气CO_2浓度升高而增加。大气CO_2浓度升高使水稻产量和生物量显著增加,但经济系数下降。江苏FACE试验以65个水稻染色体片段置换系(CSSLs,Chromosome segment substitution lines,以Asominori为背景,置换片段来自IR24)为材料,对比分析了目前大气CO_2浓度(对照)和FACE条件下千粒重的变化及其QTL(quantitativetraitloci)定位。研究发现:大气CO_2浓度升高使供试株系千粒重的增长率变化幅度为-12.31%~14.51%,其中置换系AI8和AI61及AI10和AI41的变幅达到极显著和显著水平。共检测到控制千粒重性状的5个QTL,分别分布在第1、7和10条染色体上。其中1个*qGWT*-10位于第10染色体上的是在两种CO_2浓度下都检测到的位点相同但贡献率和加性效应值不同的QTL,其余的分别在FACE或对照下检测到。*qGWT*-1F和*qGWT*-7F只在FACE下检测到,说明控制水稻千粒重的基因表达易受环境CO_2浓度的影响,这些对CO_2浓度响应敏感的基因可能存在于第1和第7条染色体(范桂枝 等,2005)。

大气CO_2浓度升高显著增加水稻分蘖数,极显著增加穗数,提高结实率,但使每穗颖花数显著减少。FACE处理能显著提高水稻产量,在高N条件下增产幅度更大。提高FACE处理的每穗颖花数和单位面积颖花数能极显著提高水稻产量,增加施N量是提高大气

CO_2 浓度升高条件下每穗颖花数和单位面积颖花数的重要措施(黄建晔 等,2002)。

大气 CO_2 浓度升高使水稻产量平均增加12.8%,其中2001年、2002年和2003年增幅分别为10.8%、14.1%和13.6%,高、中、低氮处理的增幅分别为17.6%、12.4%、10.9%,均达到显著或极显著水平。大气 CO_2 浓度升高使水稻穗数平均增加18.8%,每穗颖花数平均减少7.6%。大气 CO_2 浓度升高使水稻生物产量平均提高16.2%,使经济系数下降。大气 CO_2 浓度升高使水稻穗数极显著多于对照是因其分蘖发生速度快,最高分蘖数多所致,而不是因为其分蘖成穗率高。大气 CO_2 浓度升高使水稻每穗颖花数极显著减少是因其分化颖花的大量退化所致,而不是因为分化颖花数少(黄建晔 等,2004)。

3.4　大气 CO_2 浓度升高对水稻元素吸收和分配的影响

大气 CO_2 浓度升高使水稻不同生育时期的植株N含量下降,但由于植株生物量的增加,各生育期的N素吸收累积量会有所提高(董桂春 等,2002)。大气 CO_2 浓度升高使水稻不同生育期N素吸收量增加,生育前期的增幅明显大于生育中、后期。大气 CO_2 浓度升高使水稻茎鞘(生育前、中期)或稻穗(生育后期)的N素积累能力相对增强,使叶片的N素积累能力相对减弱。大气 CO_2 浓度升高使水稻N素物质生产效率显著增加,使水稻N素籽粒生产效率和收获指数增加。增施N肥会使水稻生育中、后期植株N素含量和吸收量增加,使N素效率下降,而对N素在各器官中的分配影响较小(黄建晔 等,2004)。大气 CO_2 浓度升高使水稻各组织C含量变化不显著,C/N比增加(谢祖彬 等,2002)。

硝酸还原酶是植物N同化过程中的重要酶,植物体内硝酸还原酶活性(NRA)的高低会影响植物对硝态氮的吸收同化。大气 CO_2

浓度升高使水稻主要生育期(拔节期、孕穗期、抽穗期、穗后 10 d、穗后 20 d)功能叶片中 NRA 平均值分别提高了 50%、20%、60%、80% 和 30%。可见,由于大气 CO_2 浓度升高使水稻体内 N 含量下降,N 素需求增加,硝酸还原酶活力也相应增加,这将会促进根系对 N 素的吸收(胡健 等,2006)。大气 CO_2 浓度升高使 N 素的干物质生产效率、单位 N 素的籽粒生产效率以及 N 素收获指数提高。增施 N 肥会提高植株 N 含量和 N 素累积量,但使 N 素生产效率呈现下降趋势(董桂春 等,2002)。

大气 CO_2 浓度升高使 N 在叶的分配降低,穗的分配增加。大气 CO_2 浓度升高使低 N 处理水稻分蘖期与成熟期 N 在茎的分配分别降低 8.86%和 10.5%,拔节期与抽穗期分别升高 7.03%和 3.54%,常规 N 处理水稻分蘖期与拔节期分别升高 4.08%和 5.71%,抽穗期与成熟期分别降低 0.25%和 7.43%。大气 CO_2 浓度升高使低 N 与常规 N 处理水稻抽穗期 N 在穗的分配分别增加 87.0%和 61.3%,成熟期分别增加 5.47%和 6.39%。水稻抽穗期根系 N 累积的分配分别降低 9.67%和 13.1%,其他时期增幅为 3.5%～26.6%,且水稻分蘖期和拔节期常规 N 处理增幅较大(马红亮 等,2005)。

大气 CO_2 浓度升高增加拔节期、抽穗期和成熟期叶磷含量,对茎、穗、根磷含量影响不显著,显著增加水稻地上部分 P 吸收(谢祖彬 等,2002)。大气 CO_2 浓度升高后,磷干物质生产效率、磷籽粒生产效率略有下降,磷收获指数显著下降。施氮量对 CO_2 浓度升高处理与对照植株含磷率、磷干物质生产效率、磷籽粒生产效率、磷收获指数无显著影响(黄建晔,2002)。

3.5 大气 CO_2 浓度升高对水稻籽粒品质的影响

大气 CO_2 浓度升高使全部三个供试水稻品种武运粳 21、扬辐粳 8 号和武粳 15 精米蛋白质含量平均下降 5.6%,使氨基酸、必需和非必需氨基酸总量平均分别显著下降7.6%、6.7%和7.9%。大气 CO_2 浓度升高使三个供试品种精米必需氨基酸占氨基酸总量百分比显著增加，使非必需氨基酸占氨基酸总量百分比显著下降，但对精米中必需和非必需氨基酸的相对含量无显著影响。大气 CO_2 浓度升高使供试品种精米中7种必需氨基酸和8种非必需氨基酸的含量均显著下降。大气 CO_2 浓度升高将使粳稻蛋白质营养品质下降，但不同品种下降幅度存在一定差异，如武运粳21蛋白品质的下降幅度比辐粳8号和武粳15下降幅度大(周晓冬 等，2012)。

大气 CO_2 浓度升高使稻谷的出糙率平均增加1.4%，整精米率平均下降12.3%。低N肥水平下，有利于提高大气 CO_2 浓度升高后稻谷的出糙率。高N肥水平下提高了FACE条件下的整精米率。大气 CO_2 浓度升高使稻米垩白粒率平均增加11.9%，垩白度平均增加2.8%，较高的供N和供P水平有利于降低FACE条件下垩白大小、垩白粒率和垩白度。大气 CO_2 浓度升高使稻米糊化温度平均增高0.52℃，胶稠度有提高的趋势，但对稻米直链淀粉含量影响较小，较高的供N和供P水平有利于降低FACE条件下稻米的直链淀粉含量。较低的供N和较高的供P水平有利于降低FACE条件下稻米胶稠度，较低的供N水平有利于降低FACE条件下稻米糊化温度(董桂春 等，2004)。

大气 CO_2 浓度升高使粳稻熟米的硬度和黏性总体呈增加趋势，增幅因品种而异。大气 CO_2 浓度升高对蒸煮稻米香气、光泽度、完整性、味道和口感等食味品质指标均没有影响(赵轶鹏 等，2012)。大气 CO_2 浓度升高对水稻中多数被测元素(N、P、Mg、Cu、Zn、Mn)吸收总量影响不大，只增加水稻对K、Ca、Fe的吸收总量。大气 CO_2 浓度升高使N、P、Mg、Mn向穗部分配增加，K、Ca、Cu、Zn、Fe向穗部的分配比例不变。大气 CO_2 浓度升高对水稻籽粒中P、Ca、Mg、Cu、Zn、Fe和Mn含量无显著影响，但使籽粒中N、K含量显著下降(庞静 等，2005)。

第4章 大气 CO_2 浓度升高对大豆的影响

大豆原产于中国，在历史上我国大豆生产长期居世界首位。新中国成立后，我国大豆生产虽有很大发展，但已逐步落后于世界其他大豆主产国，大豆总产先后被美国、巴西、阿根廷所超过，退居世界第四位。2004 年美国大豆产量为 8500 万 t，占世界总产的 40%，巴西为 5100 万 t，占世界总产的 24%，阿根廷为 3900 万 t，占世界总产的 18%，而我国为 1700 万 t，仅占世界总产的 8%。相比之下，我国大豆单产也远低于上述国家，2005 年我国大豆单产为 1.8t/hm^2，巴西为 2.7t/hm^2，阿根廷为 2.6t/hm^2，美国为 2.56t/hm^2，世界大豆单产平均 2.5t/hm^2。随着人们生活水平的不断提高，作为高蛋白食物主要来源之一，人们对大豆的需求量和消费量越来越大，对品质的要求越来越高，我国的大豆生产已不能满足国内大豆及大豆产品消费需求的快速增长，供需缺口越来越大，只能靠进口来填补。自 1996 年我国成为大豆、豆粕、豆油全面的净进口大国之后，进口量占产量的百分比不断提高。到 2005 年，我国大豆产量 1830 万 t，进口 2659 万 t，国外进口为国内产量的 1.45 倍，国内消费主要依赖国际市场。产量低，再加上生产成本高及品质指标低，大大降低了农民种植的积极性，严重影响我国大豆产业的健康发展。由此看出，振兴我国大豆产业，发展优质高产大豆已势在必行。

随着全球大气 CO_2 浓度的日益升高，大豆生长发育及其产量品质将会发生什么变化？如何应对这些变化？都是迫切需要回答的重要科学问题。因此，开展 FACE 试验，研究高 CO_2 浓度对大豆的生理生态及产量品质的影响，可以为大豆生产更好地适应未来气候变化，稳定我国粮食安全生产提供研究数据和理论依据。同时也可以增加试验数据用于改进或证实模型模拟以增加模拟的可信程度，为采取有效的气候变化减缓与适应对策提供十分必要的依据。

本章试验均在中国农业科学院 miniFACE 试验平台中完成。试验基地位于北京市昌平南(40.13°N，116.14°E)，京昌公路的西侧，土壤类型属褐潮土。

4.1　大气 CO_2 浓度升高对夏大豆可溶性糖含量及光合色素含量的影响

试验大豆品种为中黄 35。测定方法如下：

(1)可溶性糖含量测定：在夏大豆主要的生育期(开花期：播后 37 d，结荚期：播后 54 d 和鼓粒期：播后 73 d)每小区分别连续取有代表性的植株 5 株，分别摘取倒数第 2 功能叶片，杀青后置 60℃烘干 72 h，磨成粉末状。取粉末样品 3 mg，放入大试管中，加入 15 mL 蒸馏水，在沸水浴中煮沸 20 min，取出冷却，过滤入 100 mL 容量瓶中，用蒸馏水冲洗残渣数次，定容至刻度。取上述样品提取液 1.0 mL 加蒽酮试剂 5 mL 快速摇动试管混匀后，在沸水浴中煮 10 min，取出冷却，在 620 nm 波长下，测定光密度。配置葡萄糖标准曲线，计算可溶性糖含量。

(2)叶片叶绿素及胡萝卜素含量测定：在夏大豆主要的生育期(开花期：播后 37 天，结荚期：播后 54 d 和鼓粒期：播后 73 d)每小区每个品种分别连续取有代表性的植株 5 株，分别摘取倒数第 2 功能叶片，用电子天平称取叶片 0.3 g，剪碎后加入 1∶1 的乙醇－丙酮混合液中，定容至 25 mL，在黑暗中常温浸提 48 h。然后将提取液摇匀，倒入干净的比色皿中，用分光光度法分别测定 663 nm，645 nm 和 440 nm 处的光密度值，计算叶绿素 a、叶绿素 b、叶绿素总量和类胡萝卜素含量，按照 Arnon 法的修正公式计算。

4.1.1 CO_2 浓度升高对夏大豆功能叶片可溶性糖含量的影响

由图 4.1 可知，高 CO_2 浓度对夏大豆各个生育期可溶性糖含量均没有显著变化。

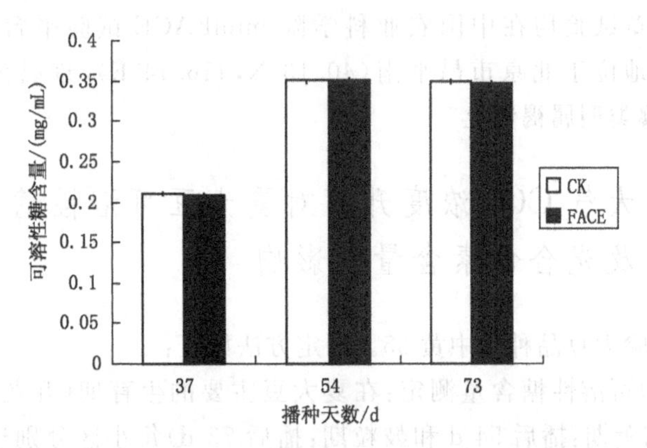

图 4.1 CO_2 浓度升高对夏大豆叶片可溶性糖含量影响
(CK：当前 CO_2 浓度下大豆；FACE：大气 CO_2 浓度升高后大豆)

4.1.2 CO_2 浓度升高对夏大豆功能叶片叶绿素含量的影响

CO_2 浓度升高对大豆功能叶片叶绿素 a 和叶绿素 b 含量会产生一定的影响(图 4.2)。CO_2 浓度升高对夏大豆倒数第 2 功能叶片叶绿素 a 含量影响在开花期降低，降幅为 23.60%，达到显著水平，在结荚期和鼓粒期增加，增幅分别为 38.50% 和 6.17%，均未达到显著水平；叶绿素 b 含量 FACE 处理相比对照在开花期降低，降幅为 20.73%，达到显著水平，在结荚期增多，增幅为 27.24%，并达到显著水平，在鼓粒期减少，降幅为 31.81%，未达到显著水平。

4.1.3 CO_2 浓度升高对夏大豆功能叶片叶绿素 a/b 和叶绿素总含量的影响

CO_2 浓度升高对大豆功能叶片叶绿素 a/b 和叶绿素总含量会产

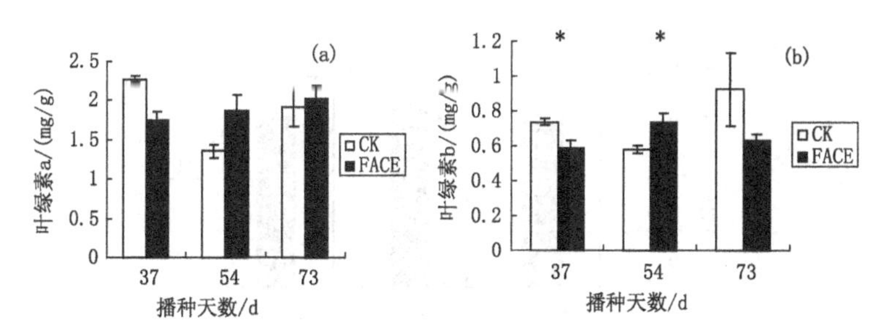

图 4.2　CO_2 浓度升高对夏大豆叶绿素 a 和叶绿素 b 含量影响

生一定的影响(图 4.3)。CO_2 浓度升高对夏大豆倒数第 2 功能叶片叶绿素 a/b 影响在开花期降低,降幅为 3.62%,在结荚期和鼓粒期增加,增幅分别为 8.85%和 55.7%,均未达到显著水平;叶绿素总含量 FACE 处理相比对照在开花期降低,降幅为 21.13%,达到显著水平,在结荚期增加,增幅为 6.43%,并未达到显著水平,在鼓粒期减少,降幅为 16.36%,未达到显著水平。

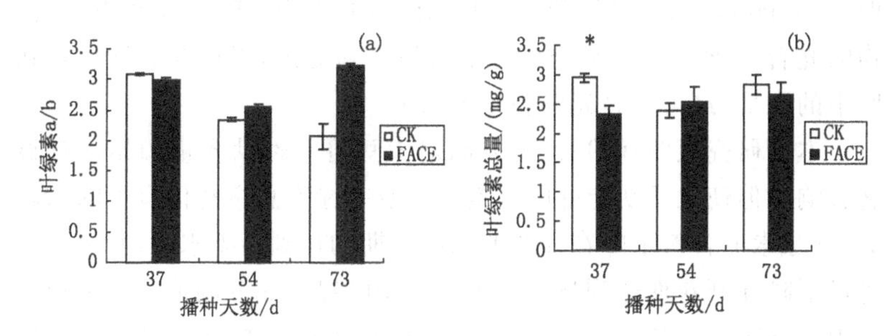

图 4.3　CO_2 浓度升高对夏大豆叶绿素 a/b 和叶绿素总含量影响

4.1.4　CO_2 浓度升高对夏大豆功能叶片类胡萝卜素含量的影响

CO_2 浓度升高对大豆功能叶片类胡萝卜素含量会产生一定的影响(图 4.4)。CO_2 浓度升高对夏大豆倒数第 2 功能叶片类胡萝卜素影响在开花期降低,降幅为 14%,达到显著水平,在结荚期增加,增幅为 2.71%,在鼓粒期减少,降幅为 4.85%,并达到显著水平。

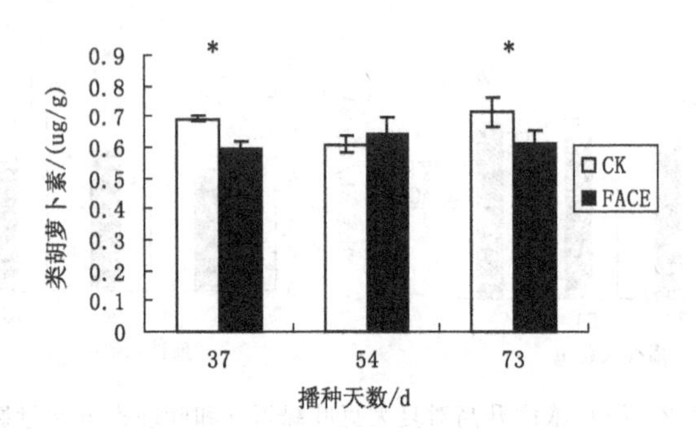

图 4.4 CO_2 浓度升高对夏大豆类胡萝卜素含量影响

4.1.5 结论与讨论

已有国内外学者研究表明，可溶性糖含量变化与光合作用和产量密切相关。CO_2 浓度增加，促使植物叶绿体片层膜上的色素含量增加，利于植物对光能的吸收，提高了 PSII 的活性及光能转化效率。但 Fordham *et al*(1997)研究发现，在长时间高浓度 CO_2 环境下，植物的光合色素含量以及光合速率最初受到促进，以后会逐渐恢复到原来的水平，这可能是光合驯化的结果。

本次研究表明：CO_2 浓度升高对大豆可溶性糖含量积累没有显著影响。但使大豆功能叶叶绿素 a、b 及叶绿素总量总体有下降的趋势，叶绿素 b 含量下降在开花期和结荚期均达到显著水平，叶绿素总含量下降在开花期达到显著水平。对于叶绿素 a/b 的值在幼嫩功能叶中有下降的趋势，而成熟功能叶中有升高的趋势；类胡萝卜素含量也基本呈下降趋势，且在开花期和鼓粒期均达到了显著水平。有研究表明影响光合色素合成的原意是单位面积叶内的 N 元素等其他与光合色素合成有关的元素含量下降而导致的。本次研究出现这种现象的原因可能是由于 CO_2 浓度升高使大豆叶面积和比叶重发生变化，大豆形态改变使大豆叶重增加，但叶片中相关元素的含量没有增加或者增加幅度没有叶面积、叶重增加幅度大而造成的结果。

之前蒋跃林等(2006b)、赵天宏等(2003)不同学者利用开顶式气室研究结果是CO_2浓度升高使大豆叶绿素和胡萝卜素含量升高或没有影响，与本研究的结果有较大的差异，说明开顶式气室研究结果与FACE研究结果存在很大的差异。

4.2 CO_2浓度升高对大豆光合生理日变化的影响

供试材料：供试材料为夏大豆（*Glycine max*（L.）Merr.），两个品种分别是中黄35和中黄13，2008年6月20日播种。

光合作用日变化测定：在花荚期和鼓粒期使用便携式光合气体分析系统（LI6400，LiCor Inc，USA）对两个品种大豆进行光合作用日变化测定，测定时使用自然光源，观测叶片为完全展开的幼嫩功能叶，叶室CO_2浓度FACE圈设定为550 μmol/mol，对照圈（CK）设定为400 μmol/mol，观测时间为每日8：00、10：00、12：00、14：00、16：00。

4.2.1 CO_2浓度升高对大豆光合作用日变化的影响

CO_2浓度升高使两品种大豆两个生育期净光合速率（P_n）提高，花荚期中黄35净光合速率08：00、10：00、12：00分别显著增加39.9%、41.6%、40.8%。下午（14：00和16：00）无显著变化（图4.5）。中黄13花荚期净光合速率08：00、10：00、12：00、14：00分别显著增加33.9%、30.9%、33.9%、52.3%，且一天当中五个观测时刻FACE处理和对照日变化趋势均呈双峰型分布（图4.5）。在鼓粒期，中黄35净光合速率08：00、10：00、12：00时刻FACE条件下较CK分别提高42.4%、55.2%、54.7%，中黄13这三个时刻分别提高27.5%、30.6%、33.2%，而14：00和16：00时刻两个品种均无显著变化（图4.6）。在这两个生育期两个品种均为上午增加幅度较下午高。

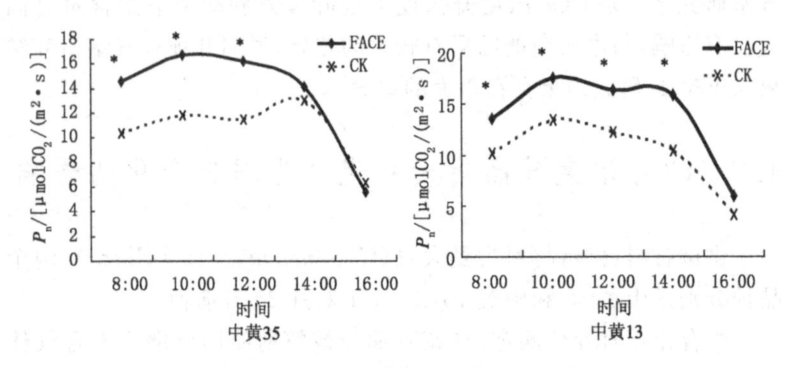

图 4.5 大豆花荚期光合作用日变化

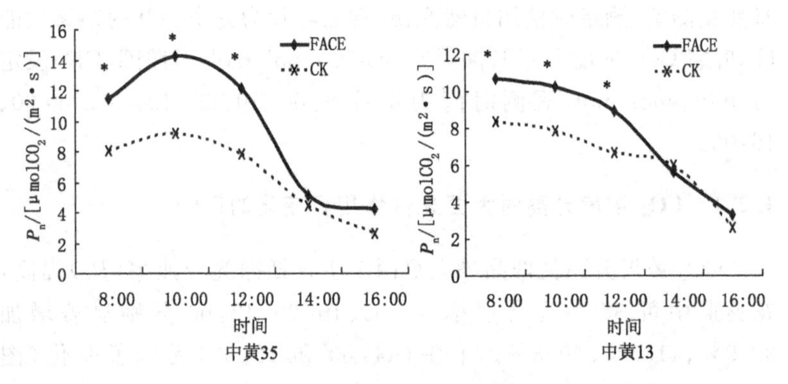

图 4.6 大豆鼓粒期光合作用日变化

4.2.2 CO_2 浓度升高对大豆气孔导度日变化的影响

CO_2 浓度升高使两品种大豆两个生育期气孔导度有下降趋势。花荚期，中黄 35 气孔导度平均下降 17.7%，其中 12:00、14:00、16:00时刻达到显著水平。中黄 13 气孔导度平均下降 22.6%，08:00、10:00、12:00 时刻达到差异显著水平(图 4.7)。鼓粒期，中黄 35FACE 条件下较 CK 气孔导度平均下降 18.7%，其中 10:00、14:00、16:00 时刻达到显著水平。中黄 13 平均下降 11.9%，其中

10:00、14:00 时刻达到显著水平(图 4.8)。

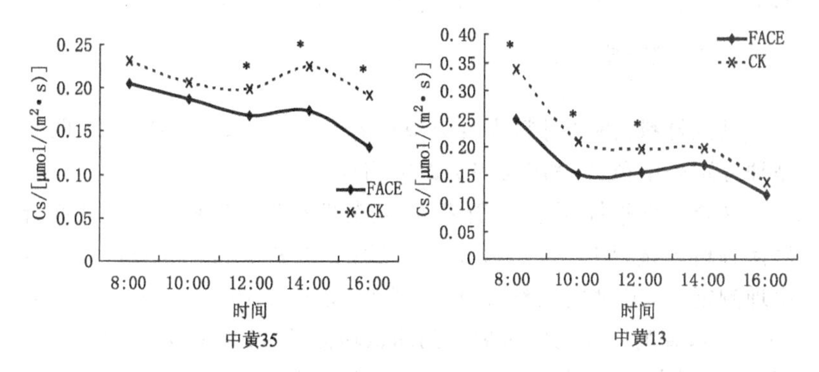

图 4.7 大豆花荚期气孔导度日变化

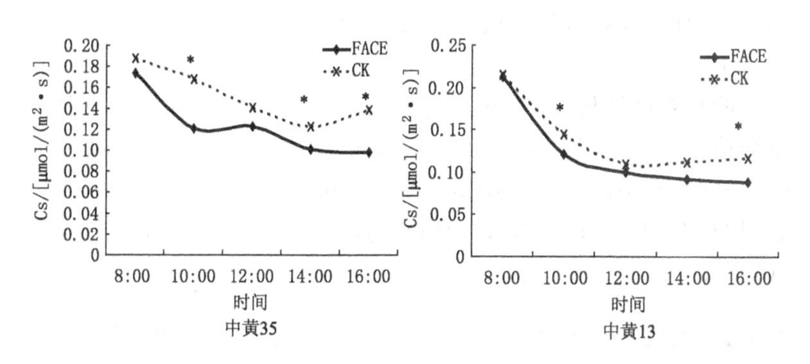

图 4.8 大豆鼓粒期气孔导度日变化

大气 CO_2 浓度升高后,两个品种大豆净光合速率均明显升高,气孔导度下降,这与其他 C_3 作物的研究结果一致。净光合速率的提高将有利于作物积累更多的有机物,有利于作物生物量和产量的提高。气孔导度下降可能会使作物蒸腾作用减弱,有利于提高作物的水分利用率。

4.3 大气 CO_2 浓度升高对大豆光合能力及产量的影响

供试材料：供试材料为夏大豆(*Glycine max* (L.) Merr.)，两个品种分别是中黄 35 和中黄 13，2009 年 6 月 20 日播种。

光合生理指标测定：在开花期，花荚期和鼓粒期使用便携式光合气体分析系统(LI6400，LiCor Inc，USA)对两个品种大豆进行光合生理测定，测定时使用红蓝光源，光强设定为 1600 μmol photons/(m^2 · s)，观测叶片为完全展开的幼嫩功能叶，叶室 CO_2 浓度 FACE 圈和对照圈(CK)均设定为 400 μmol/mol 和 550 μmol/mol 两种 CO_2 浓度下分别测定，观测时间为每日 9:00－11:30。并进行 CO_2 浓度响应曲线测定，计算最大羧化速率($V_{c,max}$)和最大电子传递速率(J_{max})。

叶片超微结构观测：在开花期，分别选取 FACE 圈和对照圈中倒数第一片完全展开的叶片 3 片，切成 0.5 cm×2 cm 小段投入 5% (v/v)戊二醛中固定。实验室切成 2 mm^2 小段，1%锇酸(OsO_4)固定，切片后用电子显微镜(JEOL JEM－2100F)观测超微结构(Oksanen *et al*，2001)。

4.3.1 大气 CO_2 浓度升高对大豆光合速率和气孔导度的影响

大气 CO_2 浓度升高后，中黄 13 最上部功能叶净光合速率在开花期下降 3.3%，结荚期升高 23.0%，鼓粒期下降 9.1%。中黄 35 最上部功能叶净光合速率在开花期、结荚期、鼓粒期均增加，增加幅度分别为 3.6%、17.3%、18.9%(表 4.1)。CO_2 浓度、大豆品种、发育期对净光合速率的交互作用达到显著水平(表 4.1)。两个品种最上部叶片气孔导度在不同生育期均下降，中黄 13 叶片气孔导度在开花期、结荚期、鼓粒期分别下降 30.6%、30.0%、32.7%。中黄 35 叶片气孔导度在开花期和鼓粒期分别下降 23.4%和 42.6%(表 4.1)。

表4.1 大气CO_2浓度对大豆最上部功能叶净光合速率(P_n)和气孔导度(g_s)的影响

生育期	品种	CO_2浓度 /(μmol/mol)	P_n /[mol(CO_2)/(m^2·s)]	g_s /[mmol(H_2O)/(m^2·s)]
开花期(R1)	中黄13	400	17.75±1.62	0.49±0.00
		550	17.16±1.30	0.34±0.07
	中黄35	400	18.40±0.80	0.47±0.09
		550	19.07±0.50	0.36±0.04
结荚期(R3)	中黄13	400	14.80±1.75	0.39±0.06
		550	18.21±1.17	0.39±0.15
	中黄35	400	15.83±0.70	0.51±0.01
		550	18.57±1.30	0.30±0.06
鼓粒期(R5)	中黄13	400	21.40±0.47	0.55±0.02
		550	19.45±0.26	0.37±0.04
	中黄35	400	18.50±2.00	0.61±0.05
		550	22.00±0.16	0.35±0.01
P-Values	CO_2浓度		0.06	0.00
	品种		0.31	0.91
	生育期		0.00	0.00
	CO_2浓度×品种		0.02	0.02
	CO_2浓度×生育期		0.03	0.01
	品种×生育期		0.88	0.49
	CO_2浓度×品种×生育期		0.04	0.00

注:测定在各自生长CO_2浓度下进行,表中数据为平均值±标准误差,3次重复,每个小区测定3株。SAS软件分析CO_2浓度、品种、生育期及其交互作用的显著性水平

但是,将光合仪叶室中CO_2浓度控制在390 μmol/mol(当前大气CO_2浓度)对FACE圈中和对照圈中生长的大豆叶片净光合速率进行测定时,发现FACE圈中生长的大豆中黄13光合能力较对照圈的中黄13光合能力低。中黄13净光合速率平均下降12.57%,中黄35没有显著变化(图4.9a和4.9c)。将光合仪叶室中CO_2浓度控制在550 μmol/mol(2050年的大气CO_2浓度)对FACE圈中和对照圈中生长的大豆叶片净光合速率进行测定时,中黄13净光合速率平均下降15.42%,中黄35平均增加1.84%(图4.9b和4.9d)。光合能力的下降存在品种差异并随发育期有变化。

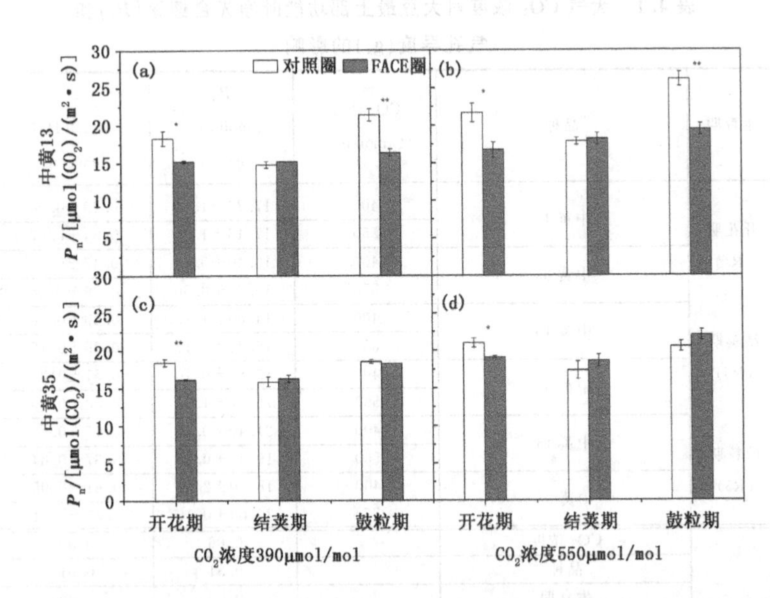

图 4.9 大气 CO_2 浓度对大豆最上部功能叶净光合速率(P_n)的影响

(图中数据为平均值±标准误差，3 次重复，每个小区测定 3 株。SAS 软件分析 CO_2 浓度的显著性水平，* 表示 $P \leqslant 0.05$；* * 表示 $P \leqslant 0.01$)

开花期，大气 CO_2 浓度使两个品种大豆叶片最大羧化速率($V_{c,max}$)平均下降 17.0%，使最大电子传递速率(J_{max})下降 12%。这两个指标的下降表明开花期中黄 13 和中黄 35 的光合出现对高 CO_2 浓度的适应。结荚期，大气 CO_2 浓度对两个品种大豆叶片最大羧化速率($V_{c,max}$)和最大电子传递速率(J_{max})无显著影响。表明结荚期无光适应现象出现。鼓粒期，大气 CO_2 浓度升高条件下中黄 13 叶片最大羧化速率($V_{c,max}$)和最大电子传递速率(J_{max})分别比对照条件下降 47.0%和 8.0%，而中黄 35 叶片最大羧化速率($V_{c,max}$)和最大电子传递速率(J_{max})无显著变化(图 4.10)。表明在鼓粒期中黄 13 出现光适应现象，而中黄 35 无光适应。

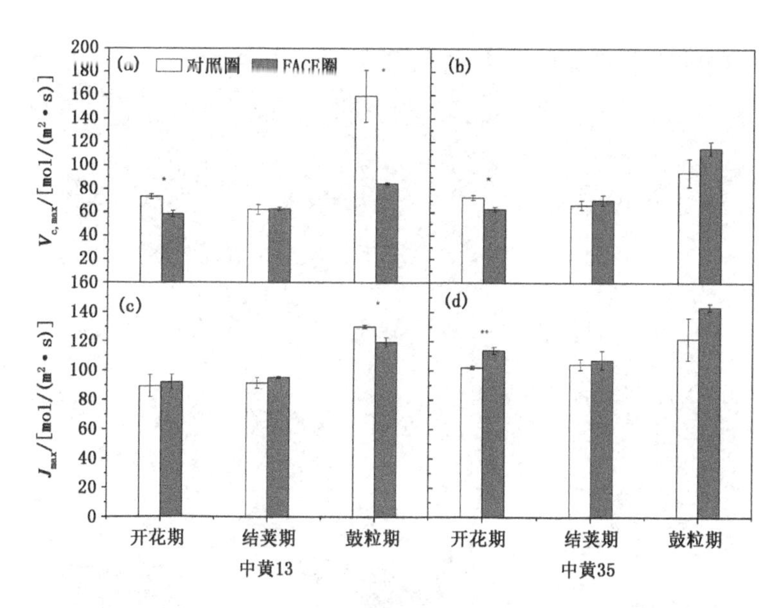

图 4.10　大气 CO_2 浓度对大豆最上部功能叶光合同化参数的影响
(图中数据为平均值±标准误差,3 次重复,每个小区测定 3 株。SAS 软件分析 CO_2 浓度的显著性水平,* 表示 $P \leqslant 0.05$;* * 表示 $P \leqslant 0.01$)

4.3.2　大气 CO_2 浓度升高对大豆叶片超微结构的影响

大气 CO_2 浓度升高增加两个品种大豆叶片中叶绿体内淀粉粒数量和体积(图 4.11a,b,d,e 和图 4.11g,h,j,k)。叶绿体膜和类囊体基粒片层也发生了变化,中黄 35 变化更明显。CO_2 浓度升高后,中黄 35 叶片的叶绿体膜和类囊体基粒片层结构破坏,很难分辨清楚(图 4.11h,i,k,l)。中黄 13 的叶绿体膜和类囊体基粒片层结构虽然没有破坏,但远没有对照条件下的结构清晰(图 4.11b,c,e,f)。

4.3.3　大气 CO_2 浓度升高对大豆产量及产量构成的影响

大气 CO_2 浓度升高后,中黄 35 单株荚数显著增加 31%,单荚粒数和百粒重无显著变化,产量显著增加 26%。中黄 13 单株荚数、单

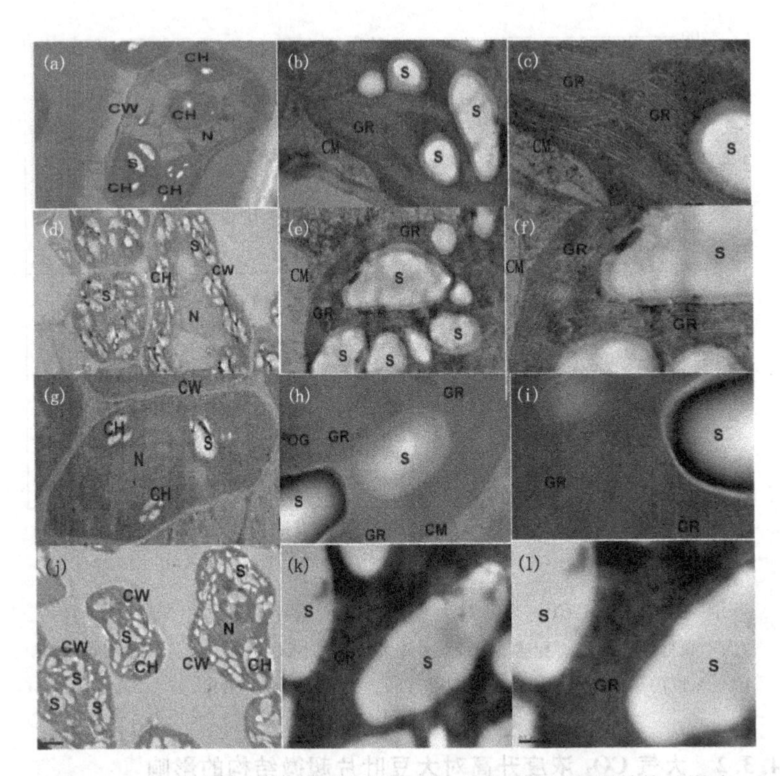

图 4.11 大气 CO_2 浓度对开花期大豆最上部功能叶超微结构的影响

((a)～(f):中黄 13;(g)～(l):中黄 35;(a)～(c),(g)～(i):目前大气 CO_2 浓度下(400 μmol/mol)的大豆叶片超微结构(放大倍数分别为×5000,×30000,×60000);(d)～(f),(j)～(l):未来大气 CO_2 浓度(550 μmol/mol)下的大豆叶片超微结构 (放大倍数分别为×5000,×30000,×60000)。S:淀粉粒;GR:基粒片层;O:嗜锇体;CM:叶绿体膜;CH:叶绿体;CW:细胞壁;N:细胞核)

荚粒数和百粒重均无显著变化,其产量也没有显著增加(图 4.12)。

4.3.4 结论与讨论

大气 CO_2 浓度升高使中黄 13 和中黄 35 的光合作用平均增加 13.1%和 3.53%。但是,CO_2 浓度升高对植物光合作用的促进作用

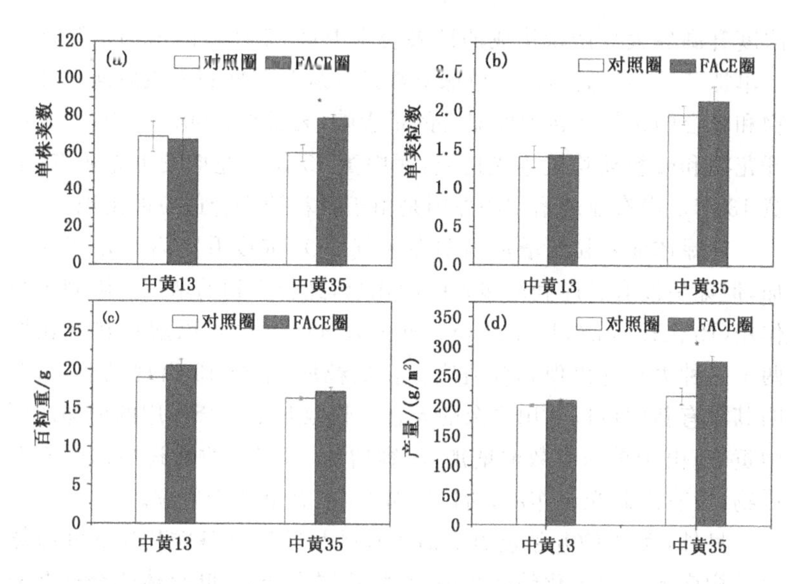

图4.12　大气CO_2浓度对大豆产量及产量构成的影响

(图中数据为平均值±标准误差，3次重复，每个小区测定3株。

SAS软件分析CO_2浓度的显著性水平，*表示$P \leqslant 0.05$)

会随着处理时间的推迟而下降，这种现象叫作光适应现象(Sicher *et al*，1995)。光适应现象已经被广泛地发现于C_3作物，如：水稻(Seneweera *et al*，2011)、大豆(Sicher *et al*，1995)、小麦(Aranjuelo *et al*，2011)，而且光适应的强度受植物遗传因素和环境因素的影响。我们的研究发现：开花期，两个大豆品种均出现光适应。结荚期，两个品种均未出现光适应。而鼓粒期中黄13出现光适应而中黄35未出现光适应。表明光适应的出现受作物品种和植物生育期的影响。鼓粒期，两个品种大豆光合作用对CO_2浓度升高的差异反应是大豆产量差异的重要原因。大气CO_2浓度升高使中黄35增产26%，但对中黄13没有显著影响。大豆产量是由单位面积的植株数量、单株荚数、单荚粒数、单粒种子重量决定的。通常单株荚数较单荚粒数和单粒种子重量更易于受环境因素的影响(云雅如，2007)。大气CO_2

浓度升高后大豆产量构成的结果表明中黄 35 产量的增加主要是由于单株荚数的显著增加。单株荚数是受从开花期到鼓粒后期光合产物和光合同化物运转到库器官的量影响(云雅如,2007)。中黄 13 在开花期和鼓粒期均发生光适应,而中黄 35 仅开花期发生光适应,中黄 13 产量没有显著增加的原因是由于鼓粒期光合适应的出现。

叶绿体淀粉粒的增加表明在大气 CO_2 浓度升高后光合产物增加,但如果没有新库利用多余的同化物,光合产物的增加会限制光合作用(Rogers *et al*,1998;Isopp *et al*,2000)。这可以解释在开花期两个品种大豆都出现光合适应。在鼓粒期,中黄 13 出现光适应,表明其没有新库可以利用多余的光合产物限制了光合作用的增加。而中黄 35 由于单株荚数的增加,库容增加,可以吸收转运更多的光合产物,没有限制光合作用,所以中黄 35 没有出现光适应。

另外,大气 CO_2 浓度升高后大豆叶片叶绿素基粒片层和叶绿体膜结构变差。在老化的叶片中,基粒片层会变差,叶绿体膜会逐渐分解(王程栋 等,2012)。大气 CO_2 浓度升高后,大豆叶片老化速度会加快,这可能也会造成光适应的发生(Fangmeier *et al*,2000;Ludewig *et al*, 2000;Seneweera *et al*,2011)。

总之,长期大气 CO_2 浓度升高会造成大豆光适应,但光适应受品种和生育期而改变。能够形成新的碳库的品种能充分利用光合产物,不会限制光合作用,不会出现光适应。未来可以通过品种选择培育在高 CO_2 浓度条件下没有光适应的品种以提高未来大豆产量。

4.4 大气 CO_2 浓度升高对大豆品质的影响

本实验位于中国农业科学院昌平实验基地 FACE 平台,每年播种前施底肥 4.8 kg N/hm^2、7.2 kg P/hm^2 和 37.3 kg K/hm^2。2009 年大豆季平均温度为 23.1℃,总降水量为 382.2 mm。2011 年大豆季平均温度为 23.2℃,总降水量为 647.1 mm(图 4.13)。

大豆品种为中黄 35,行距 0.45 m,播种密度 20 株/m^2,2009 年

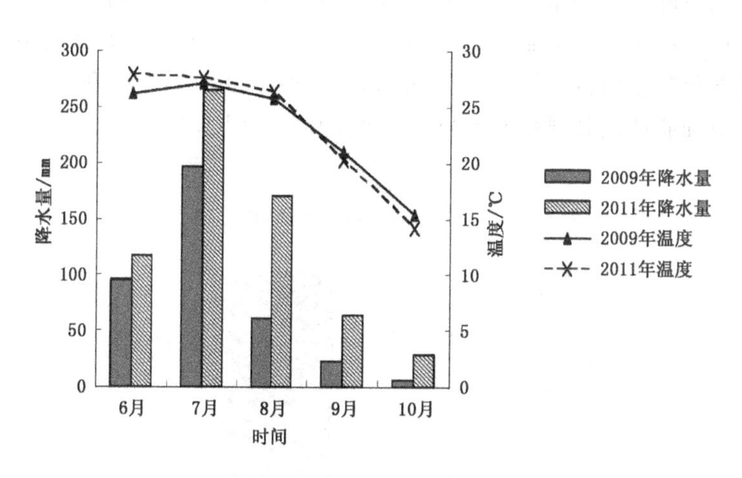

图 4.13 2009 年和 2011 年大豆生长季试验基地降水量和气温变化情况

6 月 17 日播种，2011 年 6 月 24 日播种。2009 年 7 月 8 日进行了灌溉，灌溉量相当于 37.5 mm 降水，2011 年未进行灌溉。试验两个处理 550 μmol/mol 和 400 μmol/mol 浓度的 CO_2，每个处理 3 次重复。

分别于 2009 年 10 月 6 日和 2011 年 10 月 4 日收获，每小区收获 3 m^2，自然晾干后脱粒，脱粒后的种子再经过自然晾干 1～2 天后测产。并进行化学品质的测定。蛋白含量采用凯氏定氮法（中国农业行业标准 NY/T3，1982），17 种氨基酸含量采用中国农业行业标准（NY/T56，1987），测定仪器为自动氨基酸分析仪（L-8800，Hitichi，Japan）。总油料含量采用中国农业行业标准（NY/T 4，1982）。5 种脂肪酸含量采用中国国家标准（GB/T 17376，2008），测定仪器为气相色谱仪（CP-3800，Varian，USA）。

4.4.1 大气 CO_2 浓度升高对大豆蛋白质产量和油脂产量的影响

大气 CO_2 浓度升高使 2009 年和 2011 年大豆产量分别增加了 26%（见本章 4.3.3 节）和 31%（图 4.14）。两年大豆籽粒蛋白含量平均下降3.3%(表4.2)。但由于产量的增加,2009年和2011年的蛋白质产量分别增加了24.1%和24.8%(图4.14)。CO_2浓度升高使两年籽粒油料含量平均增加2.8%(表4.2)。2009年和2011年大豆油脂产量分别增加了29.4%和34.6%(图4.15)。

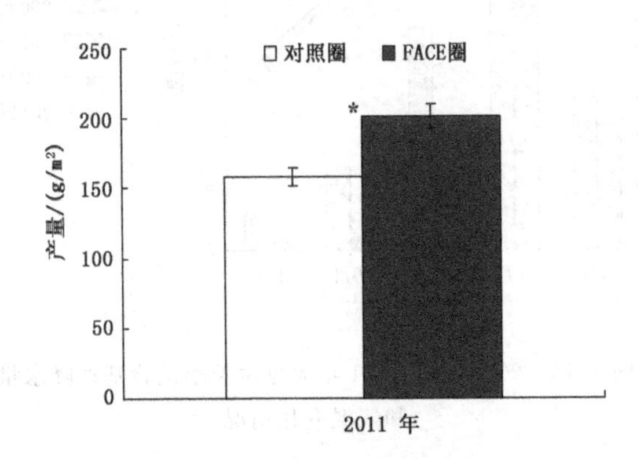

图4.14 2011年大气CO_2浓度对大豆产量的影响
(图中数据为平均值±标准误差,3次重复。SAS软件分析CO_2浓度的显著性水平,*表示$P \leqslant 0.05$)

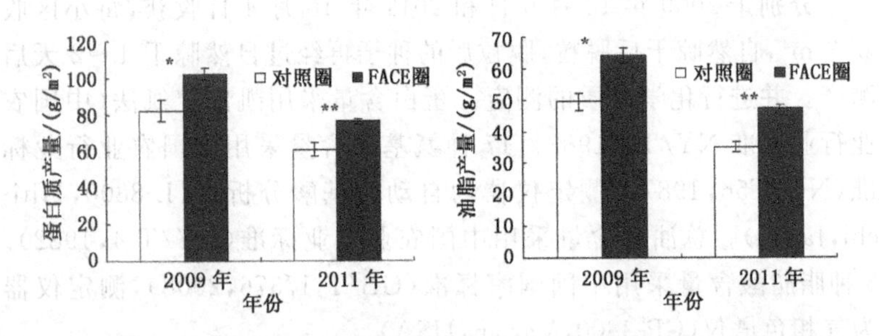

图4.15 大气CO_2浓度对大豆蛋白(protein)和油脂(oil)产量的影响
(图中数据为平均值±标准误差,3次重复。SAS软件分析CO_2浓度的显著性水平,*表示$P \leqslant 0.05$;**表示$P \leqslant 0.01$)

表 4.2　大气 CO_2 浓度对大豆蛋白含量和油脂含量的影响(%干基)

年份	CO_2 浓度/(μmol/mol)	蛋白含量/%	油脂含量/%
2009	400	37.84±0.28	22.79±0.24
	550	37.21±0.25	23.32±0.08
2011	400	39.50±0.76	22.66±0.06
	550	37.59±0.22	23.39±0.04
P-Values	年份	0.05	0.82
	CO_2	0.02	0.00
	CO_2×年份	0.18	0.46

注：表中数据为平均值±标准误差，3 次重复。SAS 软件分析 CO_2 浓度、年份(year)及其交互作用的显著性水平

4.4.2　大气 CO_2 浓度升高对大豆氨基酸含量的影响

大气 CO_2 浓度升高减低了大豆总氨基酸含量，下降幅度为 7.5%(表 4.3)。减低了各个单个氨基酸含量，下降幅度从 2.8%(酪氨酸)到 14.9%(蛋氨酸)(表 4.3)。CO_2 浓度升高使必需氨基酸和半必需氨基酸含量下降，大豆籽粒中两年平均组氨酸含量下降 9.3%，精氨酸含量下降 8.7%，缬氨酸含量下降 7.7%，异亮氨酸含量下降 8.2%，亮氨酸含量下降 7.3%，苯丙氨酸含量下降 6.2%，赖氨酸含量下降 6.7%，蛋氨酸含量下降 14.5%，苏氨酸含量下降 8.2%。非必需氨基酸中，天门冬氨酸含量平均下降 6.8%，丝氨酸含量平均下降 7.2%，谷氨酸含量平均下降 7.6%，脯氨酸含量平均下降 7.4%，甘氨酸含量下降 7.7%，丙氨酸含量下降 7.6%。胱氨酸含量明显下降，而酪氨酸下降不显著(表 4.3)。

表 4.3 大气 CO_2 浓度对大豆氨基酸含量的影响(干基)　单位：%

年份		2009		2011		P-Values		
氨基酸		当前大气 CO_2 浓度	FACE 条件	当前大气 CO_2 浓度	FACE 条件	年份	CO_2 浓度	CO_2 浓度×年份
非必需氨基酸	天安冬氨酸	4.23±0.02	3.84±0.08	4.53±0.04	4.32±0.05	0.00	0.00	0.15
	丝氨酸	1.90±0.02	1.69±0.04	2.13±0.02	2.05±0.02	0.00	0.00	0.09
	谷氨酸	7.42±0.03	6.67±0.16	7.34±0.09	6.97±0.06	0.37	0.00	0.13
	脯氨酸	1.89±0.08	1.81±0.08	2.19±0.02	1.97±0.03	0.00	0.01	0.22
	甘氨酸	1.66±0.00	1.49±0.02	1.72±0.02	1.63±0.02	0.00	0.00	0.08
	丙氨酸	1.72±0.00	1.51±0.03	1.94±0.03	1.87±0.02	0.00	0.00	0.03
	酪氨酸	1.11±0.07	1.11±0.02	1.37±0.02	1.3±0.02	0.00	0.27	0.32
	胱氨酸	0.54±0.03	0.41±0.02	0.80±0.01	0.81±0.01	0.00	0.01	0.01
半必需氨基酸	组氨酸	1.09±0.01	0.95±0.02	1.07±0.01	1.01±0.01	0.48	0.00	0.06
	精氨酸	2.78±0.01	2.47±0.04	2.86±0.06	2.68±0.05	0.02	0.00	0.17
必需氨基酸	缬氨酸	1.72±0.04	1.52±0.04	1.92±0.02	1.84±0.02	0.00	0.00	0.09
	异亮氨酸	1.81±0.01	1.61±0.03	1.73±0.02	1.64±0.03	0.39	0.00	0.06
	亮氨酸	3.07±0.02	2.77±0.05	3.12±0.04	2.97±0.05	0.01	0.00	0.09
	苯丙氨酸	1.95±0.01	1.76±0.03	2.08±0.02	2.02±0.05	0.00	0.00	0.06
	赖氨酸	2.57±0.03	2.35±0.04	2.62±0.03	2.49±0.04	0.03	0.00	0.28
	蛋氨酸	0.52±0.07	0.37±0.01	0.58±0.02	0.57±0.01	0.00	0.03	0.06
	苏氨酸	1.56±0.02	1.37±0.03	1.63±0.02	1.56±0.02	0.00	0.00	0.06
总氨酸含量		37.55±0.02	33.69±0.65	39.62±0.42	37.68±0.44	0.00	0.00	0.11

注：表中数据为平均值±标准误差，3 次重复。SAS 软件分析 CO_2 浓度、年份(year)及其交互作用的显著性水平

4.4.3 大气 CO_2 浓度升高对大豆脂肪酸含量的影响

大气 CO_2 浓度升高使大豆籽粒亚油酸平均增加 3.8%，棕榈酸含量平均增加 3.3%。而油酸、亚麻酸和硬脂肪酸无显著变化(表 4.4)。

表 4.4　大气 CO_2 浓度对大豆脂肪酸含量的影响(干基)　单位:%

年份	CO_2 浓度	亚油酸	亚麻酸	油酸	硬脂肪酸	棕榈酸
2009	当前大气 CO_2 浓度	11.42±0.14	1.97±0.04	5.68±0.015	1.31±0.03	2.28±0.01
	FACE 条件下 CO_2 浓度	12.11±0.09	2.01±0.02	5.64±0.09	1.28±0.01	2.36±0.03
2011	当前大气 CO_2 浓度	11.16±0.09	2.09±0.05	5.40±0.09	1.41±0.04	2.72±0.04
	FACE 条件下 CO_2 浓度	11.34±0.03	2.18±0.01	5.56±0.02	1.44±0.04	2.81±0.02
P-Values	年份	0.00	0.00	0.10	0.00	0.00
	CO_2 浓度	0.00	0.13	0.56	0.85	0.01
	CO_2 浓度×年份	0.03	0.56	0.30	0.41	0.93

注:表中数据为平均值±标准误差,3 次重复。SAS 软件分析 CO_2 浓度、年份(year)及其交互作用的显著性水平

4.4.4　讨论

我们的试验发现大气 CO_2 浓度升高后中黄 35 产量增加 26%~31%,较美国 SoyFACE 条件下产量增加 15%的结果高(Morgan *et al*,2005),造成这一差异的结果可能是由于试验生长环境、品种或者土壤气候条件的差异造成的。

Taub *et al*(2008a;2008b)利用多元分析方法分析 228 个 CO_2 浓度升高对植物影响试验(包括不同作物、不同试验方法),分析发现大气 CO_2 浓度升高(540~958 μmol/mol)后大多数作物籽粒蛋白含量下降。我们的试验发现蛋白质和大多数氨基酸含量明显下降,这一结果与蒋跃林(2005b)OTC 试验结果一致,但与 Heagle *et al*(1998)和高素华等(1994)的结果不同。大气 CO_2 浓度升高会减低作物籽粒蛋白质含量的机制目前还没有完全清楚,因为大气 CO_2 浓度升高会影响很多植物生长过程,包括氮积累和代谢过程(Gifford *et al*，2000；Lynch *et al*，2004；Reich *et al*，2006a；2006b）。由于非结构性糖类的增加造成的稀释效应常常被用来解释氮含量和蛋白质含量下降（Gifford *et al*，2000）。目前仅有很少的试验测定了作物食用部分的非结构糖类和蛋白质或者氮含量的变化，这些试验发现非结构糖类的变化只能解释很少的稀释效应（Taub *et al*，2008a；2008b）。Pleijel *et al*（2011）小麦试验也发现了生长过程中的稀释效应。Taub *et al*（2008a；2008b）的发现也支持稀释效应，该试验发现大气 CO_2 浓度升高后小麦籽粒氮含量在高土壤 N 含量条件要比生长在低土壤 N 含量条件下的下降幅度小。Bloom *et al*（2010）发现大气 CO_2 浓度升高后由于长期 CO_2 浓度富集造成的光适应现象抑制植物将吸收硝态 N 转化为植物有机 N，进而减弱植物对土壤硝态 N 的吸收。我们光合作用的测定结果也发现中黄 35 在开花期出现光适应支持上述观点。可见，CO_2 浓度升高抑制植物硝态 N 的吸收可能是另外一个导致大豆籽粒蛋白质下降的原因。

作为一个固氮植物，尽管大豆籽粒含量 N 下降，Taub *et al*（2008a；2008b）认为含 N 量下降 1.4%，我们的结论是下降 3.3%。但下降幅度小于其他非固氮作物，如小麦和水稻下降 10%～15%（Taub *et al*，2008a；2008b），油菜下降 4.6%（Hogy *et al*，2010）。大豆可以利用根瘤菌从空气中固定和吸收氮素，可以减弱由于稀释效应和硝态氮吸收受阻造成的氮含量下降。

大气 CO_2 浓度升高后，大豆籽粒蛋白质含量是下降的，但由于产量的增加，单位面积的蛋白产量会增加。高 N 肥可以增加籽粒蛋白质含量（Taub *et al*，2008a；2008b；Damatta *et al*，2010），增加蛋白产量，但高 N 肥也会增加农民负担和增加生态和环境风险（Stafford，2008）。

大气 CO_2 浓度升高后，伴随籽粒蛋白质含量的下降，单个氨基酸含量也会下降，这可能会影响大豆的营养价值。这与油菜 FACE 研究的结果类似（Hogy *et al*，2010），该研究也发现 CO_2 浓度升高使油菜总蛋白含量和单个氨基酸含量下降。

大气 CO_2 浓度升高后，总油脂含量和两个脂肪酸（亚油酸和棕榈酸）含量明显增加，而亚麻酸、油酸、硬脂酸含量无明显变化。亚油酸是一个不饱和脂肪酸，其含量的增加会提高大豆的油脂品质。

本研究表明：未来大气 CO_2 浓度升高后，由于大豆产量的增加，大豆的蛋白产量和油脂产量均会增加。这一结果预示着 CO_2 浓度升高将提高总的蛋白和油脂供应，提高有利于大豆给予人类的营养和油料供应。

4.4.5 结论

大气 CO_2 浓度升高会影响作为粮食作物和油料作物的大豆品质（如蛋白质、氨基酸、油脂含量）。大气 CO_2 浓度升高会降低大豆籽粒中蛋白质和大部分氨基酸含量，但是会增加总油脂含量和两个脂肪酸（亚油酸和棕榈酸）的含量，尤其值得注意的是亚油酸是一个重要的不饱和脂肪酸。我们的研究表明未来大气 CO_2 浓度升高会降低大豆的营养价值，尽管油料品质会有所提高。尽管单位质量的营养价值会下降，但是蛋白总产量和油脂产量会提高。这一结果可能与大气 CO_2 浓度升高促进了大豆光合作用以及作为一个固 N 作物大豆有更多的 N 吸收、利用途径。这些影响机制有待今后的研究中继续探索。

4.5 大气 CO_2 浓度升高对大豆生长及 N 固定的影响

供试材料：供试材料为夏大豆（*Glycine max*（L.）Merr.），两个品种分别为中黄 35 和中黄 13，2009 年 6 月 20 日播种。根瘤取样：于 2009 年 8 月 12 日（结荚期）和 9 月 5 日（鼓粒期）每个小区取样 10 株大豆，根部连同 10 cm 半径，深 25 cm 土壤一同取出，取出根系后用清水冲洗干净。任意选择 5 个大豆根，取下根瘤，数出根瘤数，在 70℃干燥 48 小时后称重。收获和化学分析：10 月 6 日收获 $3m^2$ 植株，任意选取 7 株，挖取根系周围半径 10 cm 内，25 cm 深土壤，使根完全取出，分开地上部分和地下部分，清洗根部。将地下部分和地上部分在 70℃ 干燥 48 小时后称重，粉碎。利用同位素质谱分析仪(Hydra 20-20，SerCon)分析样品全 C(%)，全 N(%)和 $\delta^{15}N$ 含量。N_2 固定计算：对照圈和 FACE 圈中中黄 13 地上部分 $\delta^{15}N$ 的平均含量分别为 4.51‰和 1.42‰，中黄 35 分别为 8.94‰和 10.08‰，本年度收获的小麦中含量为 13.69‰，大豆地上部分固氮百分率(%Ndfa)由下面公式计算：

$$\%\text{Ndfa}=\frac{(\delta^{15}\text{N}(\text{小麦})-\delta^{15}\text{N}(\text{大豆}))}{\delta^{15}\text{N}(\text{小麦})-B}$$

式中：B 是指豆科根瘤在氮素不足的环境中的植株 $\delta^{15}N$ 值(Unkovich *et al*，1997)，本实验用 $B=1.83$ 作为大豆适应值(Unkovich *et al*，2008)。地上部分氮固定量(g(N)/株)是地上部分固氮量和地上部分 N 含量(g(N)/株)的和。单位面积地上部分固氮量(g(N)/m^2)＝单位面积地上部分生物量(g/m^2)×%N×%Ndfa.

4.5.1 大气 CO_2 浓度升高对大豆碳、氮含量的影响

大气 CO_2 浓度升高增加了大豆地上部分和地下部分的生物量，两个品种平均分别从 766.4 g/m^2 增加到 896.6 g/m^2(大豆地上部分)、从 5.39 g/株增加到 6.23 g/株(地下部分)。成熟后，根冠比大约在 0.1 左右。大气 CO_2 浓度升高对两个品种大豆地上部分和地下部分 C、N 含量及 C/N 没有显著影响(表 4.5)。

两个品种地上部分和地下部分 C 含量没有明显差异，但中黄 13 地上部分 N 含量高于中黄 35 地上部分 N 含量，所以中黄 13 地上部分的 C/N 低于中黄 35。大气 CO_2 浓度升高增加两个大豆品种地上部分生物 C 和生物 N 的积累量，C 累积量增加 15%，N 累积量增加 18%。地下部分 C 累积量增加 12%，而地下部分 N 累积量无明显变化(表 4.5)。

表 4.5　大气 CO_2 浓度对两种大豆地上部分和地下部分生物量、总 C 含量、总 N 含量及 C/N 的影响

		CO_2 浓度		最小显著差
		当前大气条件下	CO_2 浓升高条件下	(P=0.05)
地上部分	生物量/(g/m²)	788.7	859.7	37.0
	总 C 含量/%	47.0	47.2	1.5
	总 N 含量/%	3.5	3.6	0.4
	C/N	13.8	13.2	1.3
地下部分	生物量/(g/株)	5.4	6.2	0.7
	总 C 含量/%	45.2	44.3	1.0
	总 N 含量/%	0.59	0.62	0.15
	C/N	79.9	74.8	20.4

4.5.2　根瘤数量和根瘤干重

结荚期大气 CO_2 浓度升高使两个品种根瘤数和根瘤重增加。鼓粒期中黄 35 根瘤数和根瘤重分别显著增加 193%和 524%(图 4.16,图 4.17)。大气 CO_2 浓度升高使两个品种单位面积根瘤重在结荚期和鼓粒期平均增加 49%和 40%(图 4.16,图 4.17)。

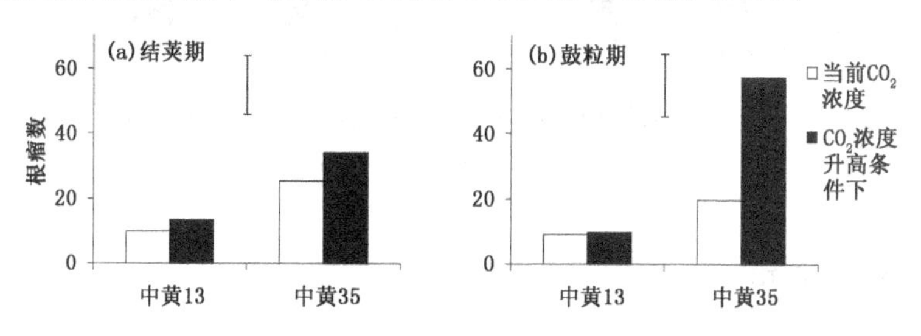

图 4.16　大气 CO_2 浓度对大豆根瘤数的影响

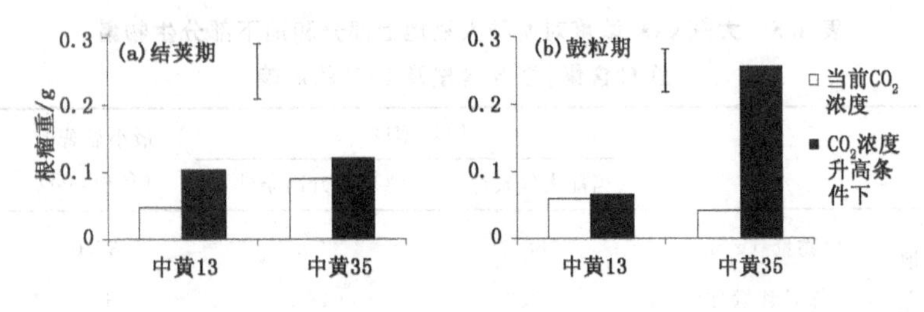

图 4.17　大气 CO_2 浓度对大豆根瘤重的影响

4.5.3　大气 CO_2 浓度升高对大豆氮固定的影响

中黄 13 固氮百分率(%Ndfa)为 69%，高于中黄 35 的固氮百分率(%Ndfa)。CO_2 浓度升高使中黄 13 的固氮百分率显著增加 20%，而对中黄 35 的固氮百分率没有影响。中黄 13 的固氮量将由目前大气 CO_2 浓度下的 17.6 g(N)/m^2 增加到大气 CO_2 浓度后的 26.7 g(N)/m^2。

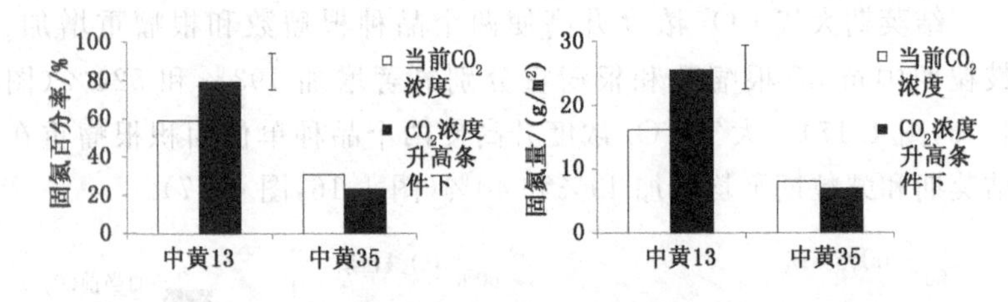

图 4.18　大气 CO_2 浓度对大豆固氮百分率(%Ndfa)和固氮量(amount Ndfa)的影响

4.5.4　讨论

大气 CO_2 浓度升高使两个品种大豆地上部分生物量和地下部分生物量分别增加 17%和 16%，增加幅度小于美国 SoyFACE 试验研究的结果(Rodriguez，2004；Morgan *et al*，2005)。研究结果的差异可能是由于土壤肥力和气候条件造成的。大气 CO_2 浓度升高会促进植株冠层C吸收(Ainsworth *et al*,2002)。我们的试验发现大豆地上部分C含量和N吸收增加与之前Prévost *et al*(2010)的研究结果一致,大豆C/N没有变化与其他试验结果类似(Prior *et al*,2004;Torbert *et al*,2004;Booker *et al*,2005)。这表明豆类通过根瘤和土壤N吸收增加的N与由于大气CO_2浓度升高增加的C吸收量相当,收获后大豆组织C/N没有变化。

大气CO_2浓度升高后,两种大豆品种单位面积根瘤干重两个生育期均增加,中黄35在鼓粒期根瘤数和根瘤重均增加。大豆固N百分率也增加,但固N百分率存在品种差异,说明不同基因型品种固N能力的变化有差异(Danso *et al*,1987;Houngnandan *et al*,2008;Matsunami *et al*,2009)。植物在大气CO_2浓度升高后固N能力主要与根系根瘤大小、数量、重量以及根瘤活力有关(Rogers *et al*,2009)。我们发现中黄13在大气CO_2浓度升高后固N百分率增加,而中黄35没有变化,这和根瘤数及根瘤重的结果相反。本研究中大豆根瘤为农田中的天然菌株而非人工接种的菌株,菌株固N效果是取决于寄主植物和菌株的基因背景不同造成的固N效率差异(Keyser *et al*,1992)。因此,有些菌株根瘤数量多但是固N活力并不高,而有些菌株根瘤数量不多但是固N能力较强(McNeil,1982;Rosendahl,1984;Abd-Alla,1992)。基于我们的实验结果,我们认为中黄35菌群可能属于低活力菌群,而中黄13菌群属于高固N活力菌群。因此,在大气CO_2浓度升高后中黄13依靠增加根瘤固N能力增加N固定,而不是依靠增加根瘤数量增加N固定。这一现象在Matsunami *et al* (2009)梯度温室的研究结果中也有类似的报道。大气CO_2浓度升高提高作物水分利用效率,固N作物大豆在CO_2浓度升高后抗旱能力会提高(Serraj *et al*,1998;Serraj,2003)。但水分胁迫不能完全解释中黄13固N能力在CO_2浓度升高后提高,因为整个生育期无明显的水分胁迫。

中黄35固N能力在CO_2浓度升高后无显著变化可能是因为野生菌株与中黄35共生后对土壤N含量更敏感,我们实验站点的土壤N含量为25.5 mg N/kg属于高土壤N含量水平。高土壤N水平会限制大豆根瘤的固N活力(Arrese-lgor *et al*,1997),中黄35可能更多依靠土壤N元素而非依靠根瘤固定的N元素。我们认为大气 CO_2 浓度升高后植物固N能力的变化与基因型的差异有很大关系。

4.5.5 结论

大气 CO_2 浓度升高后,两个品种大豆的地上部分生物量和地下部分生物量均增加。N固定能力存在品种差异,尽管中黄35根瘤数和根瘤重增加,但固N百分率却远低于中黄13。其原因是否是由于不同基因型造成的固N能力差异,有待今后的研究中继续深入探索。

第5章　大气CO_2浓度升高对其他作物的影响(绿豆、谷子、板蓝根)

5.1　大气CO_2浓度升高对绿豆叶片光合作用及叶绿素荧光的影响

由于化石燃料的使用及土地利用的变化,全球CO_2浓度已从工业革命前的280 μmol/mol上升到2005年的379 μmol/mol。有连续直接测量记录以来,全球CO_2浓度增长率为1.4 μmol/(mol·a),最近10年的增长率为1.9 μmol/(mol·a)。根据特别情景排放报告(SRES)预测,2000－2030年间全球CO_2浓度将增加40%～110%,21世纪中期全球CO_2浓度将约达到550 μmol/mol。CO_2是光合作用的底物,也是初级代谢过程(气孔反应和光合作用)、光合同化物分配和生长的调节者。大气CO_2浓度升高会影响植物的光合作用,人们已经开展了CO_2浓度升高对作物、草地和树木等影响的研究,研究表明,在高CO_2浓度下,短期内许多植物特别是C_3植物光合速率都增加,增幅为20%～40%(Herrick *et al*,2001;Schimel,1995)。国内外学者也就CO_2浓度对植物叶绿素荧光参数的影响进行了研究(张其德 等,1996;Wang *et al*,1997),但均是在温室或开顶式气室(Open-top chamber)条件下的,利用开放式的自由大气CO_2富集系统(Free-air CO_2 enrichment,FACE)对植物叶绿素荧光参数影响的研究目前还未见报道。本研究利用建在我国北京昌平的FACE平台,在国内外首次探讨了CO_2浓度升高对绿豆光合作用和叶绿素荧光参数的影响，为进一步明确作物响应 CO_2 浓度升高的机理提供参考依据。

(1)试验材料：供试材料为山西省太谷晋农种苗繁育场提供的绿豆品种绿宝石，在华北地区春夏播种均可，株高 55 cm 左右，生育期 80 d 左右。

(2)试验处理设计：利用中国农业科学院农业环境与可持续发展研究所北京昌平 miniFACE 试验系统麦-豆轮作系统进行。miniFACE 试验系统构成、系统控制等见 Hao *et al*（2012）的方法。FACE 圈通 CO_2 气时间从 6 月 23 日开始到 10 月 5 日结束，每日通气时间为 06:30－18:30，夜间不通气。

采取单因素随机区组设计，两个处理大气 CO_2 浓度（平均 389±40 μmol/mol 左右）与 FACE（550±60 μmol/mol 左右），3 次重复。550 μmol/mol 是 2050 年可能的大气 CO_2 浓度，即我们的 FACE 控制目标浓度，390 μmol/mol 是目前田间自然条件下的大气 CO_2 浓度。采取盆栽试验（盆直径 25 cm，盆深 20 cm，装土 6.5kg），播前浇透水，水渗下后播种，每盆播 3 穴，每穴精选种子 5 粒，覆土 1.5 cm 左右。2009 年 7 月 1 日播种，出苗后分别放入 CO_2 处理的 FACE 圈中和对照圈中，每圈 4 盆。幼苗第一片复叶展开后间苗，每穴留苗 2 株，每盆留苗 6 株。第二片复叶展开后每盆施入 20 g 磷酸二铵。播后 30 d 定苗，每穴留苗 1 株，每盆留苗 3 株。每日早晚观察盆内土壤水分，如缺水应及时浇水，并及时松土防止板结，注意清除杂草。日常管理 FACE 处理和对照处理均一致。

(3)测定指标与方法：包括绿豆光合作用和叶绿素荧光的测定。

光合作用测定：在花荚期（播后 54 d）使用便携式光合气体分析系统（LI6400，Li-Cor Inc，LincolnNE，美国）进行气体交换测定。选取倒数第一片完全展开的叶片测定净光合速率（P_n）、气孔导度（G_s）、蒸腾速率（T_r）和胞间 CO_2 浓度（C_i），并计算水分利用效率（WUE），WUE＝P_n/T_r。FACE 圈内绿豆叶片叶室 CO_2 浓度设定在 550 μmol/mol，对照大气圈内（自然条件下的大气 CO_2 浓度）绿豆

叶片叶室 CO_2 浓度设定在 390 μmol/mol。测定时使用内置红蓝光源,光量子通量密度(PPFD)为 1600 μmol/(m^2 · s),叶室温度设定在 25℃。

叶绿素荧光的测定:在播后 40 d(蕾期)和播后 67 d(鼓粒期),选取绿豆倒数第一片完全展开的叶片,暗适应 20 min 后,使用连续激发式荧光仪(PEA,Hansatech,英国)测定的叶绿素荧光参数初始荧光(F_0)、最大荧光(F_m),测定时间为上午 09:30—11:30。测定出 F_0 和 F_m 后,计算 F_v($F_v = F_m - F_0$),F_v/F_0 和 F_v/F_m 等叶绿素荧光参数。

5.1.1 CO_2 浓度升高对绿豆光合参数的影响

由表 5.1 可知,CO_2 浓度升高后(550 μmol/mol),花荚期绿豆叶片胞间 CO_2 浓度(C_i)比对照条件下胞间 CO_2 浓度升高 9.83%($P<0.05$),净光合速率(P_n)升高 11.67%($P<0.01$),气孔导度(G_s)下降 31.98%($P<0.05$)。由于气孔导度(G_s)下降,叶片蒸腾速率(T_r)也下降 24.60%($P<0.05$),水分利用效率(WUE)增加 83.46%($P<0.01$)。

表 5.1 CO_2 浓度升高对绿豆花荚期光合参数的影响

处理	对照(CK)	FACE
净光合速率(P_n)/[μmol/(m^2 · s)]	11.70±0.20A	15.77±0.12B
气孔导度(G_s)/[μmol/(m^2 · s)]	0.17±0.00A	0.12±0.01B
蒸腾速率(T_r)/[mmolH_2O/(m^2 · s)]	2.30±0.05a	1.74±0.19b
水分利用效率(WUE)/(μmolCO_2/mmolH_2O)	5.09±0.20A	9.34±1.16B
胞间 CO_2 浓度(C_i)/(μmol/mol)	251.67±1.33a	276.42±5.86b

注:表中数据后带有不相同字母表示在 0.05(小写)和 0.01(大写)水平显著。下同

5.1.2 CO_2 浓度升高对绿豆叶绿素荧光参数的影响

F_0:初始荧光(Minimal fluorescence)是光系统Ⅱ(PSⅡ)反应中

心处于完全开放时的荧光产量，它与叶片叶绿素浓度有关。F_m：最大荧光产量(Maximal fluorescence)是 PSⅡ反应中心处于完全关闭时的荧光产量，可反映通过 PSⅡ的电子传递情况，通常叶片经暗适应 20 min 后测得。F_v 为可变荧光(Variable fluorescence)，反映了原初电子受体(QA)的还原情况。F_v/F_0 用来表示通过 PSⅡ的电子传递情况。F_v/F_m 是 PSⅡ最大光化学量子产量(Optimal/maximal photochemical efficiency of in the dark)或(Optimal/maximal quantum yield of PSII)，反映 PSⅡ反应中心内禀光能转换效率(Intrinsic PSII efficiency)或称最大 PSⅡ的光能转换效率(Optimal/maximal PSII efficiency)，F_v/F_0 和 F_v/F_m 分别代表 PSⅡ的潜在活性和暗适应下 PSⅡ的最大光化学效率(或称原初光能转换效率)。非胁迫条件下该参数的变化极小，不受物种和生长条件的影响，而胁迫条件下该参数明显下降。F_v/F_m 正比于光化学反应的产量，并且与净光合作用的产量也密切相关，因而 F_v/F_m 能反映出植物对光线利用的效率。F_v/F_m 是反映在各种胁迫下植物光合作用受抑制程度的理想指标。通过测量 F_v/F_m，可以反映作物或树木等受到胁迫的程度(张守仁，1999)。

如图 5.1、图 5.2 所示，蕾期(播后 40 d)，CO_2 浓度升高对绿豆叶片叶绿素初始荧光(F_0)、最大荧光(F_m)、可变荧光(F_v)、F_m/F_0 和 F_v/F_0 没有显著的影响。鼓粒期(播后 67 d)，CO_2 浓度升高使绿豆叶片叶绿素初始荧光(F_0)增加 19.05%($P>0.05$)，最大荧光(F_m)下降 9.02%($P<0.01$)，可变荧光(F_v)下降 14.28%($P<0.01$)，F_v/F_0 下降 25.75%($P<0.05$)，F_v/F_m 下降 6.18%($P<0.05$)。

5.1.3 讨论

CO_2 是植物进行光合作用的物质原料，在目前的大气 CO_2 浓度下核酮糖-1,5-二磷酸羧化/加氧酶(Rubisco)没有被 CO_2 饱和，高 CO_2 可以抑制植物光呼吸，在短期内高 CO_2 浓度可以使 C_3 植物光合速率提高(Drake *et al*，1997)。大气 CO_2 浓度升高能够促进植物

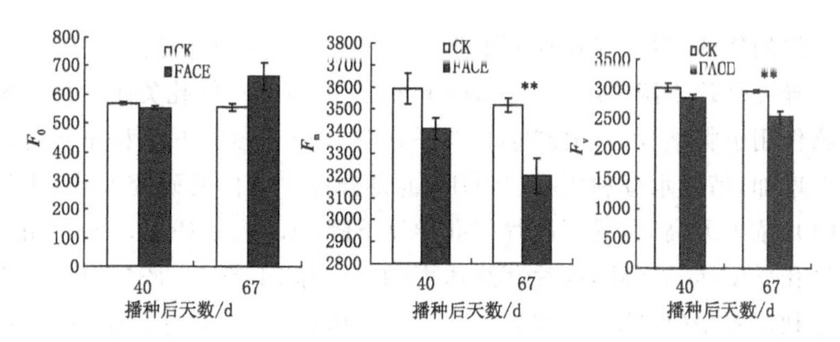

图 5.1 CO_2 浓度升高对绿豆初始荧光(F_0)、最大荧光(F_m)、可变荧光(F_v)的影响

(*表示在 $\alpha=0.05$ 水平显著,* *表示在 $\alpha=0.01$ 水平显著。下同)

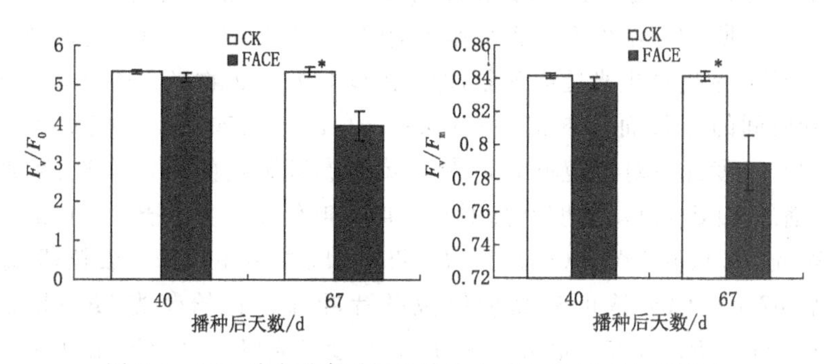

图 5.2 CO_2 浓度升高对绿豆叶片 F_v/F_0 和 F_v/F_0 的影响

叶面积生长,提高单位叶面积的净光合速率,显著增加干物质积累量(Curtis *et al*,1998)。我们的研究发现:CO_2 浓度升高后,花荚期绿豆叶片胞间 CO_2 浓度(C_i) 升高 9.83%。表明当大气 CO_2 浓度升高后植物细胞内 CO_2 浓度也会相应升高,不但可以抑制植物光呼吸,而且使绿豆净光合速率(P_n)升高 11.67%。

大气 CO_2 浓度还会影响植物气孔运动。低浓度 CO_2 促进气孔张开,高浓度 CO_2 能使气孔迅速关闭(无论光下或暗中都是如此)。在高浓度 CO_2 下,气孔关闭的可能原因是:①高浓度 CO_2 会使质膜透性增加,导致 K^+ 泄漏,消除质膜内外的溶质势梯度;②CO_2 使细胞内酸化,影响跨膜质子浓度差的建立。气孔关闭减少植物与大气之间的气体交换，气孔导度下降。大气 CO_2 浓度升高后植物叶片气孔导度平均下降22%（Ainsworth *et al*，2007b）。气孔关闭后植物蒸腾作用也将减少，一般减小20%～27%。由于蒸腾下降和净光合速率增加，植物水分利用率（WUE）也将升高。我们的研究发现：大气 CO_2 浓度升高后，绿豆叶片气孔导度下降31.98%（$P<0.05$）。由于气孔导度（G_s）下降，叶片蒸腾速率（T_r）下降24.60%（$P<0.05$），水分利用效率（WUE）增加83.46%（$P<0.01$）。气孔导度下降，植物蒸腾作用减弱，叶片温度会升高，叶温适当提高对作物生长会有促进作用。未来气候变化后，大气温度本身会提高1℃以上，蒸腾减弱可能会导致的植物叶温过高，使作物发生热害的可能性增加。

短期 CO_2 浓度升高光合作用增强，但长期高浓度 CO_2 将使植物对 CO_2 浓度产生光适应现象，即高浓度 CO_2 对植物光合速率的促进随时间的延长而逐渐消失（Ainsworth *et al*，2005）。我们对大气 CO_2 浓度升高对绿豆叶片叶绿素荧光参数影响的研究发现：蕾期（播后40 d），CO_2 浓度升高对绿豆叶片叶绿素初始荧光（F_0）、最大荧光（F_m）、可变荧光（F_v）、F_v/F_0 和 F_v/F_0 影响不显著。鼓粒期（播后67 d），CO_2 浓度升高使绿豆叶片叶绿素初始荧光（F_0）增加19.05%（$P>0.05$），最大荧光（F_m）、可变荧光（F_v）、F_v/F_0 和 F_v/F_m 分别显著下降9.02%、14.28%、6.18%和25.75%。F_0 与叶片叶绿素浓度有关，许大全等（1992）认为 F_0 增加说明PSⅡ反应中心发生了不易逆转的破坏。可见大气 CO_2 浓度升高后绿豆在发育后期（鼓粒期）叶片叶绿素浓度有增加的趋势，但PSⅡ反应中心结构可能有所破坏。鼓粒期绿豆叶片最大荧光（F_m）、可变荧光（F_v）、F_v/F_0、F_v/F_m 的下降也表明：大气 CO_2 浓度升高后，通过光系统Ⅱ（PSⅡ）的电子传递能力、原初电子受体（QA）的还原能力、光系统PSⅡ最大的光能转换效率均有所下降。这些都说明大气 CO_2 浓度升高使鼓粒期绿豆光合作用受到了抑制。这可能是由于长期的高 CO_2 浓度破坏了叶绿素光系统反应中心Ⅱ（PSⅡ反应中心）的结构，导致植物叶片光合能力下降，出现光适应。张其德等（1996）的研究发现 CO_2 倍增后大豆叶片F_v/F_0、F_v/F_m升高，Wang *et al*(1997)对松树的研究也有类似的结果，这与我们的研究结果相反。这可能是由于之前的研究是在温室或开顶式气室中进行的，而且植物的种类和选择测量的发育期(CO_2处理时间)也不相同。本研究没有对绿豆鼓粒期光合作用进行观测还不能证实在该发育期是否确实出现了光适应，有待今后的研究中进行更深入地研究，以揭示CO_2浓度升高对植物影响的光合生理机制。

5.2 大气CO_2浓度升高对绿豆生长及C、N吸收的影响

CO_2是光合作用的底物，也是初级代谢过程(气孔反应和光合作用)、光合同化物分配和生长的调节者。CO_2浓度升高对植物N吸收的影响与植物品种密切相关。CO_2浓度升高使水稻N吸收增加，植株中N含量下降，增加抽穗期穗N含量，降低成熟期穗N含量，碳含量变化不显著，但C/N比增加(谢祖彬 等，2002)。FACE(Free-air CO_2 enrichment)和Amient(自由空气)条件下N肥施用量和N的吸收显著相关，但N肥施用和CO_2浓度升高对水稻生长没有交互作用(Kim *et al*，2001)。CO_2浓度升高不同程度地降低了小麦的N含量，但是增加了N的吸收(马红亮 等，2005)。绿豆是一种固N植物，CO_2浓度升高是否会影响绿豆对氮的利用，是否会改变绿豆各器官的C、N平衡，是否与其他作物不同？这些问题都有待进一步研究。开放式试验空气CO_2浓度增加即FACE条件下绿豆生物量和养分吸收的研究目前尚未见报道。本研究利用建在我国北京昌平的FACE平台，初步探讨了CO_2浓度对绿豆不同生长期生物量和C、N吸收分配的可能影响，为进一步明确作物响应高CO_2浓度的机理提供参考依据。

试验材料和试验方法处理同本章5.1节。

测定指标与方法包括绿豆生物量及C、N含量的测定：

(1)绿豆生物量的测定:在绿豆苗期(播后 30 d),配合间苗取地上部分,分开茎和叶,分别置 60℃烘箱烘干 72 h,称重。鼓粒期(播后 67 d)和收获期(播后 97 d)每小区取两盆绿豆进行破坏性取样,分开茎、叶、荚、根,烘干,称重。

(2)绿豆 C、N 含量的测定:将烘干称重后的地上部分合并,用粉碎机磨细备用。植株地上部分 N 含量用凯氏定氮法测定,C 含量用直接灰化法测定。

5.2.1 CO_2 浓度升高对绿豆生物量的影响

CO_2 浓度升高对绿豆生物量有一定影响(图 5.3、图 5.4、图 5.5)。CO_2 浓度升高会使绿豆叶重增加,增幅为 17.15%~80.20%,苗期达到极显著水平(图 5.3a)。CO_2 浓度升高后,绿豆茎重均显著增加,增加幅度为 25.29%~97.38%(图 5.3b)。鼓粒期,CO_2 浓度升高对绿豆荚重没有显著影响,收获期达到显著水平,增幅为 24.50%(图 5.3c)。

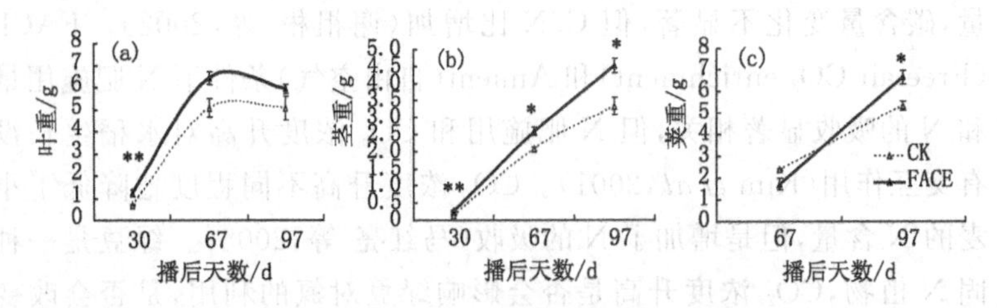

图 5.3 CO_2 浓度升高对绿豆叶重、茎重、荚重的影响

(*表示在 $\alpha=0.05$ 水平显著,**表示在 $\alpha=0.01$ 水平显著。下同)

CO_2 浓度升高会使绿豆根重增加,鼓粒期和收获期增幅分别为 34.17%、60.41%,鼓粒期达到极显著水平(图 5.4a)。CO_2 浓度升高后,绿豆地上部分生物量增加明显,增加幅度为 12.90%~83.09%,均达到显著和极显著水平(图 5.4b)。鼓粒期和收获期,总生物量均显著增加,增幅分别为 13.98%和 25.79%(图 5.4c)。CO_2 浓度升高会促进绿豆根冠比的增加,鼓粒期和收获期增幅分别为

18.08%和27.61%,其中鼓粒期达到显著水平(图5.5)。

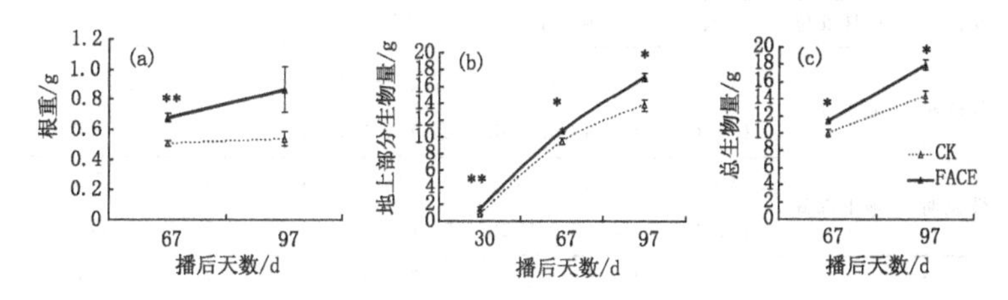

图5.4 CO_2浓度升高对绿豆根重、地上部分生物量重、总生物量的影响

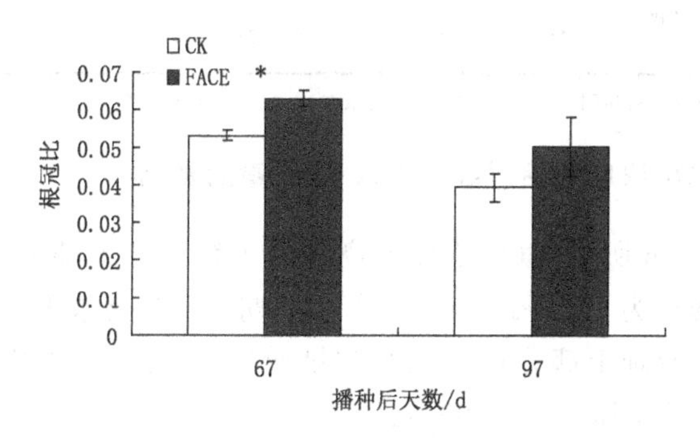

图5.5 CO_2浓度升高对绿豆根冠比的影响

5.2.2 CO_2浓度升高对绿豆N、C含量的影响

由表5.2可见,分枝期和鼓粒期,地上部分含N量均显著下降,下降幅度分别为21.06%和10.39%。收获期,茎叶内N含量也显著下降,下降幅度为13.25%,而籽粒内N含量没有显著变化。分枝期和鼓粒期,地上部分含C量均显著增加,增加幅度分别为0.71%和0.41%。收获期,茎叶内C含量极显著增加,增加幅度为1.13%,而籽粒内C含量没有显著变化。分枝期,地上部分C/N极显著增加,增加幅度为26.68%。鼓粒期,地上部分C/N显著增加,增加幅度为12.23%。收获期,茎叶内C/N极显著增加,增加幅度为16.88%,而籽粒内C/N没有显著变化。

表 5.2 CO_2 浓度升高对绿豆 N、C 含量及 C/N 的影响(平均值±标准误差)

发育期	植株部位	处理	氮含量	碳含量	C/N
分枝期	地上部分	CK	17.96±1.014a	87.50±0.119a	49.21±2.839A
		FACE	14.18±0.420b	88.12±0.151b	62.336±1.897B
鼓粒期	地上部分	CK	19.38±0.312a	90.31±0.099a	46.61±0.711a
		FACE	17.37±0.572b	90.68±0.083b	52.31±1.662b
收获期	茎叶	CK	11.15±0.217a	89.73±0.222A	80.57±1.561A
		FACE	9.67±0.342b	90.75±0.156B	94.17±3.287B
	籽粒	CK	31.98±0.303a	96.69±0.049a	30.25±0.303a
		FACE	32.43±0.199a	96.47±0.168a	29.75±0.176a

注:表中数据后带有相同小写、大写字母分别表示在 0.05、0.01 水平显著

5.2.3 CO_2 浓度升高对绿豆 N、C 吸收量的影响

如图 5.6 所示,CO_2 浓度升高促进了绿豆地上部分对 N 的吸收,增加幅度为 1.99%~50.87%,收获期达到显著水平。CO_2 浓度升高后,绿豆地上部分对 C 的吸收量增加,各发育期均达到显著水平,增幅为 14.43%~92.69%。

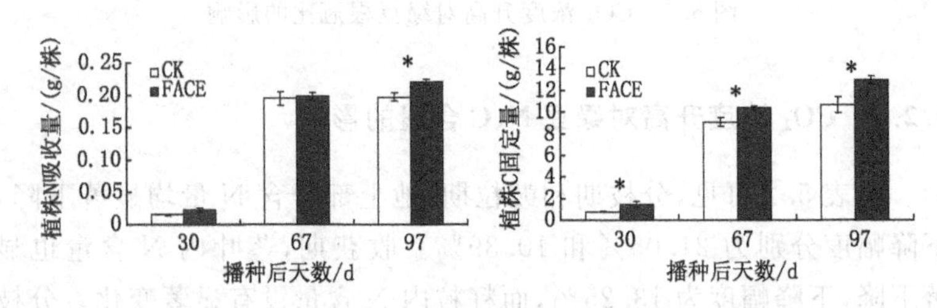

图 5.6 CO_2 浓度升高对绿豆地上部分吸收 N、C 的影响

5.2.4 讨论

大气中 CO_2 浓度升高促进作物的生长,作物的生物量和产量会增加。在熏气试验条件下植物生物量约增加 21%(Kimball,1986),而 FACE 试验下生物量平均增加 17%左右(Ainsworth *et al*,

2005)。Kimball *et al*(1007)研究表明,FACE 条件下作物茎秆生物量平均增加 35%,而开顶式气室(OTC)平均增加约 39%。高浓度 CO_2 下,豆类产量可增加 28%～46%。Ainsworth *et al* (2002)分析表明,高浓度 CO_2 可使大豆叶面积增加 18%,总干质量增加 37%以上。我们的研究发现大气 CO_2 浓度升高后绿豆叶、茎、荚、根生长量加快,收获后地上部分生物量及总生物量分别增加 24.44%和 25.79%,根冠比显著增加 27.64%。

植物生长和生物量的提高必然需要相应增加对养分的需求,打破原来作物和土壤之间养分的供需关系,这不但会影响到养分的含量,而且很有可能会改变养分元素之间的协作或竞争平衡,重新调整作物和土壤的关系。在众多的养分元素中,由于氮素的重要性,成为研究的首先考虑对象,有关的研究较多(Ainsworth *et al*,2007a;2007b;Rogers *et al*,2006;蒋跃林 等,2006a;2006b)。Ainsworth *et al* (2007a;2007b)在 FACE 条件下对大豆叶内碳、氮平衡的研究表明,高 CO_2 浓度下老叶碳水化合物增加,幼叶碳水化合物降少,老叶、新叶的酰脲(酰脲是根瘤菌固氮的产物)和氨基酸含量均增加,可见高 CO_2 浓度改变了大豆的碳氮平衡,进而会影响大豆的生长和产量。生长初期,大气 CO_2 浓度升高使大豆叶片氮含量下降 17%。生长中期以后,大豆固氮能力增强,增加了植株体内的氮素,叶片氮含量没有明显变化(Rogers *et al*,2006)。蒋跃林等(2006a)研究表明,高 CO_2 浓度有利于大豆根系的生长及根瘤菌的个数、干质量、固氮活性等的提高。大气 CO_2 浓度升高使绿豆植株地上部分 N 含量下降,C 含量升高,C/N 比增加,但收获后籽粒中 N、C 含量及 C/N 均没有明显变化。收获期茎叶内 N 含量也显著下降 13.25%,这与美国 SoyFACE 关于大豆的研究结果不同(Rogers *et al*,2006)。由于生物量明显增加,绿豆地上部分吸收的总 N 和 C 量均增加。这些结果与其他非豆科作物的研究结果基本一致(谢祖彬 等,2002;马红亮 等,2005)。

由于 CO_2 是作物光合作用的底物,它的浓度升高必然会促进绿豆的光合作用,固定和转化更多的 C,从而使绿豆的生物量增加,并使作物体内的C含量增加。对于植株体内N含量降低的原因有不同的解释，有人认为是生物量增加对N的稀释作用，以及养分利用率提高(李伏生 等，2002)所致。也有不同的认识，比如Zerihun *et al* (2000)认为是光合氮利用效率(Photosythetic N use efficency, PNUE)增加的结果。马红亮等(2005)对小麦研究认为作物器官中的N浓度降低，稀释效应可能不是主要的原因，因为高CO_2浓度对小麦植株内P、K浓度是升高的，所以作物养分浓度的变化应该主要是作物自身代谢发生变化调节的。也有研究认为CO_2浓度升高后植物对硝态氮(NO_3^-)的吸收能力下降导致植物吸收氮素的能力下降，最终导致植物体内氮含量下降(Bloom *et al*，2010)。

在CO_2浓度升高条件下作物体内C/N的增加，可能会导致作物残体分解减缓，土壤中积累较多的C，使土壤有机质分解变缓，农田C和N循环发生变化(Hart *et al*，1994)。有机质分解变缓，再加上CO_2浓度升高后作物生长要吸收更多N素等养分，土壤养分含量将会下降，进而使CO_2浓度升高对作物的促进作用下降。

绿豆收获籽粒中N含量变化不显著，籽粒中N含量可以反映出籽粒中粗蛋白含量的多少，表明大气CO_2浓度升高对绿豆籽粒中粗蛋白含量无显著影响。

5.3 大气CO_2浓度升高对绿豆生长发育与产量的影响

IPCC报告指出到21世纪中期全球大气CO_2浓度将到达550 μmol/mol。CO_2浓度升高有利于植物生长及作物产量提高。以往关于CO_2浓度升高对作物影响的研究大多是在保护性环境下进行的，如温室或开顶式气室(Open-top chamber)，但由于空气湿度、温度和辐射等方面的差异，自然条件下植物对高浓度CO_2的实际反应与温室和开顶式气室观测到的变化可能存在差异。自由大气CO_2富集系统(Free-air CO_2 enrichment, FACE)可以在不改变农田小气

候的情况下保持高 CO_2 浓度。温室或开顶式气室试验研究显示，CO_2 浓度加倍将使 C_3 作物产量平均增加33%，FACE 试验结果为平均增加17%(Ainsworth *et al*，2005)，可见温室或开顶式气室的研究结果可能夸大了 CO_2 的肥效作用。目前，各国学者应用 FACE 系统对水稻、小麦、大豆等作物进行了研究(Kim *et al*，2003；Morgan*et al*，2005；杨连新 等，2007a；2007b)。作为粮、药、菜、饲以及饮料加工等多种用途的豆类作物，绿豆具有生育期短、抗旱、耐瘠、适应性强等特点，在我国栽培范围较广，是我国主要小杂粮之一。绿豆是 C_3 作物，研究认为 CO_2 浓度的升高有利于 C_3 作物生长发育和产量的提高。我国学者张志宏等(2007)对高浓度 CO_2(20000 μmol/mol 和 40000 μmol/mol)胁迫下绿豆生长形态和生物量分配进行了研究，研究发现高浓度 CO_2 胁迫下绿豆生长会受到抑制，单叶面积减少，植株生物量下降；苑学霞等(2007)利用培养箱对 CO_2 浓度倍增下接种 AM 真菌对绿豆生长情况进行了研究，CO_2 浓度倍增显著增加了 AM 真菌的侵染率和产菌丝量，接种 AM 真菌增加绿豆地下部分生物量，且在 CO_2 浓度倍增条件下达到显著水平。本研究利用 FACE 系统对绿豆生长进行了相关研究，拟了解未来气候变化情景下，大气 CO_2 浓度升高对绿豆生长发育及产量的影响。以提前采取措施保证我国的食品安全，尤其是对我国小杂粮的影响做出积极的应对措施。

试验材料与试验设计同本章5.1节。

测定指标包括：

(1)形态指标测定。在绿豆苗期(播后30 d)、蕾期(播后41 d)、花荚期(播后52 d)、鼓粒期(播后70d)、收获期(播后97 d)对每棵植株进行株高、茎粗、节数、叶面积、叶绿素含量等指标的测定，在播后67 d对比叶重进行了测量。株高测量子叶节到顶叶叶尖长度，茎粗测定子叶节上部直径；叶面积和叶绿素观测倒数第1和第2片完全展开的叶片。叶绿素含量测定采用 SPAD502 DL 叶绿素仪进行，单位为 SPAD 值(表示叶绿素相对含量或叶片绿度)，测定时避开叶脉。叶面积测定先采取长宽法测出叶片长宽，然后利用称重法直接测叶面积系数，每个发育期选取3片叶片，用测的叶片长宽和叶面积系数计算叶面积，叶面积＝叶长×叶宽×叶面积系数；比叶重测量采用破坏性取样，每小区取2盆(6株)绿豆，摘取倒数第二片完全展开的叶片，用1.5 cm直径的打孔器在叶片上均匀打40个孔，将打好的圆孔叶片烘干72 h，称重，计算单位面积叶片重量。

(2)收获期产量和地上部分生物量测定：播后70 d后，每日下午及时摘取变黑成熟的豆荚以避免开裂、脱落。收获时，摘取豆荚，与前期摘取的豆荚合并，自然晾晒后测产。将地上部分与根分离，自然晾干后用电子天平(精度0.01 g)测量地上部分生物量和产量。

5.3.1 CO_2浓度升高对绿豆形态指标的影响

如图5.7、图5.8和图5.9所示，CO_2浓度升高对绿豆形态指标均有一定影响。与正常大气CO_2浓度相比，CO_2浓度的升高使绿豆株高增加，增幅为19.56%～38.28%，各生育期均达到显著或极显著水平(图5.7a)；绿豆节数均极显著增加，增加幅度为8.24%～11.62%(图5.7b)；对绿豆茎粗也有促进作用，增幅达9.71%～25.15%，各发育期都达到显著或极显著水平(图5.7c)。

播后67 d对比叶重的观测表明(图5.8)，CO_2浓度升高后绿豆比叶重显著增加，增加幅度为43.97%。图5.9显示CO_2浓度升高也促进了绿豆倒数第一和倒数第二片完全展开叶叶面积增加。相比对照，倒数第一完全展开叶叶面积增幅为6.1%～34.65%，除花荚期(播后52 d)外，其他发育期均达到显著水平，倒数第二完全展开叶叶面积增幅为4.45%～43.64%，其中苗期(播后30 d)和花荚期达到显著水平(图5.9)。

5.3.2 CO_2浓度升高对绿豆叶片叶绿素含量的影响

由表5.3可以看出，CO_2浓度升高后，除鼓粒期(播后70 d)外其他发育期绿豆倒数第一片完全展开的叶片叶绿素含量均下降，下降幅度为1.53%～14.21%，其中蕾期(播后41 d)和花荚期(播后52

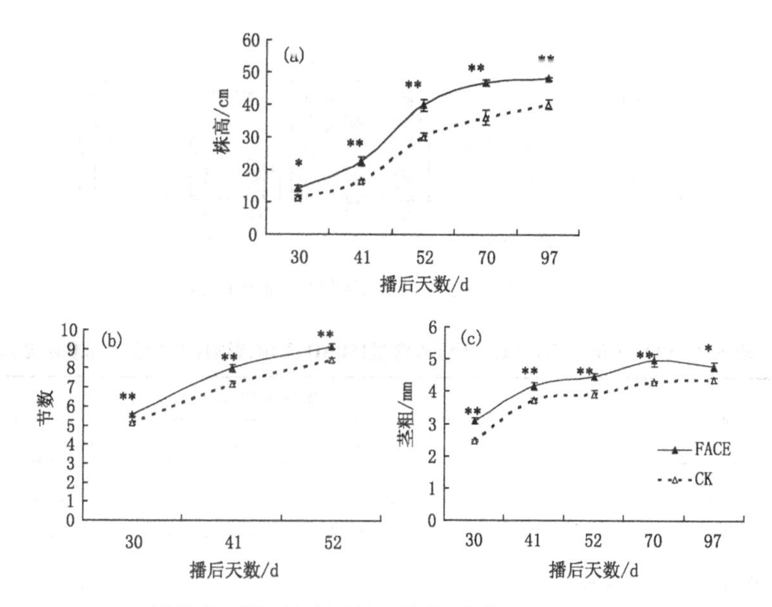

图 5.7　CO_2 浓度对绿豆株高、节数、茎粗的影响

(CK 为对照，* 表示在 α=0.05 水平显著，* * 表示在 α=0.01 水平显著。下同)

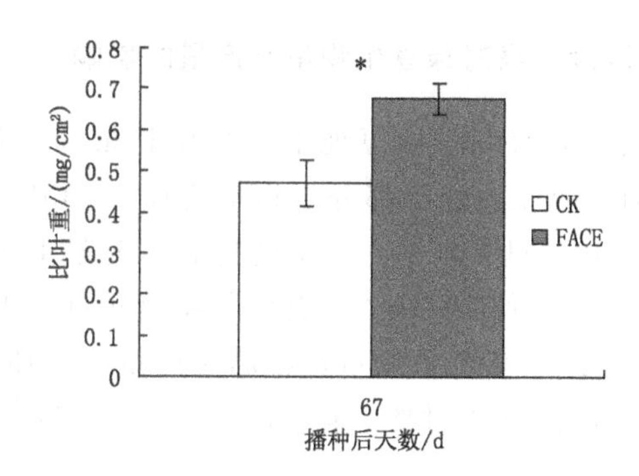

图 5.8　CO_2 浓度对绿豆比叶重的影响

d)达到显著水平。倒数第二片完全展开的叶片叶绿素含量，蕾期(播后 41 d)显著增高，增幅为 1.35%。花荚期(播后 52 d)显著下降，降幅为 7.06%，其他生育期变化不显著。

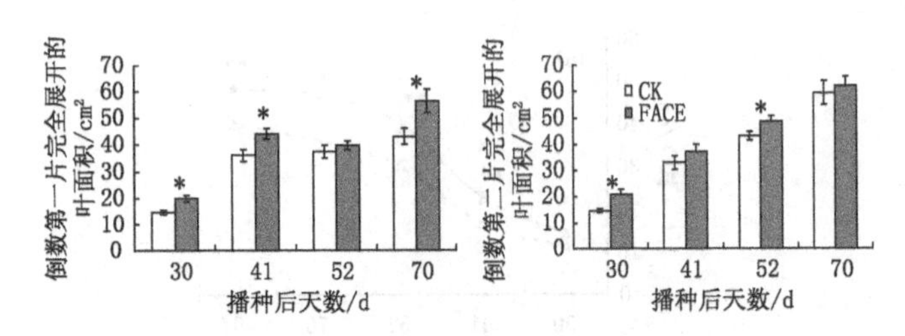

图 5.9 CO_2 浓度升高对绿豆叶面积的影响

表 5.3 CO_2 浓度升高对绿豆叶绿素含量(SPAD 值)的影响(平均值±标准误差)

叶位	处理	播后天数/d			
		30	41	52	70
倒数第 1 片全展叶	CK	25.48±0.65a	34.55±1.47a	38.47±0.78a	38±0.85a
	FACE	24.82±0.69a	34.02±1.36b	33±0.23b	39.5±1.26a
倒数第 2 片全展叶	CK	29.73±0.91a	37.08±0.76A	41.43±0.28a	43.23±0.03a
	FACE	26.13±1.40a	37.58±1.02B	38.5±1.07b	43.85±0.90a

注:表中数据后带有相同小写、大写字母分别表示在 0.05、0.01 水平显著

5.3.3 CO_2 浓度升高对绿豆生物量及产量的影响

CO_2 浓度升高有利于绿豆地上部分生物量和产量的提高(图 5.10),相比对照收获后地上部分生物量增加 24.45%,单株产量增加 13.87%,均达到显著水平。产量的提高主要是由于有效荚数的显著提高(较对照增加 19.44%),而单荚粒数和百粒重变化不显著(表 5.4)。由于地上部分生物量增幅高于产量的增加,CO_2 浓度升高后的绿豆收获指数比对照下降 9.05%,但未到达显著水平(图 5.10)。

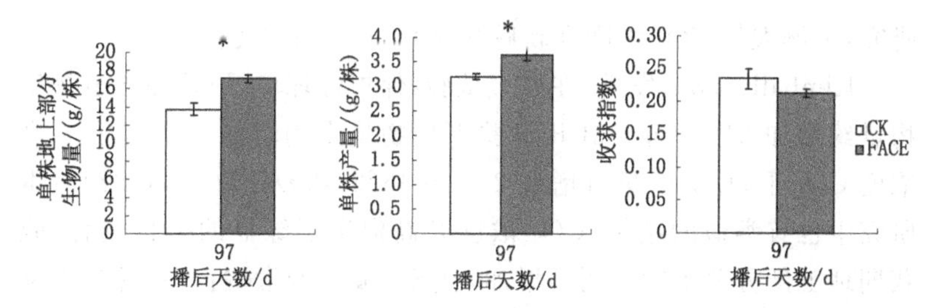

图 5.10　CO_2 浓度升高对绿豆地上部分生物量、产量、收获指数的影响

表 5.4　CO_2 浓度升高对绿豆有效荚数、荚粒数和百粒重的影响(平均值±标准误差)

处理	有效荚数	单荚粒数	百粒重(g)
CK	7.22±0.17a	6.71±0.18a	7.89±0.26a
FACE	8.61±0.36b	7.35±0.20a	7.27±0.23a

注:表中数据后带有不同小写字母都表示在 0.05 水平显著

5.3.4　讨论

CO_2 是作物进行光合作用的重要原料。以往的研究指出,增加 CO_2 浓度能够促进植物叶面积生长,提高单位叶面积的净光合速率,显著增加干物质积累量,有利于作物产量的提高。本研究中 CO_2 浓度升高提高了绿豆株高、节数、茎粗、叶面积和比叶重(图 5.7、图 5.8 和图 5.9),使绿豆地上部分生物量增加。而植物吸收的氮素等营养物质总量有限,不能满足其合成足够的叶绿素,这可能是导致绿豆单位面积叶片内叶绿素含量下降原因。但也有研究认为 CO_2 浓度升高后植物对硝态氮(NO_3^-)的吸收能力下降导致植物吸收氮素的能力下降(Bloom *et al*,2010),最终导致植物体内氮含量下降,叶绿素合成受到限制。其他作物的研究(谢祖彬 等,2002;马红亮 等,2005)发现大气 CO_2 浓度升高后,作物体内 N 含量会下降。绿豆是一种固氮作物,豆科作物的固氮作用一定程度上可以减弱氮素缺乏的影响(Rogers *et al*,2004)。今后的研究中应该进行绿豆含氮量的

研究，了解大气 CO_2 浓度升高后绿豆 C、N 平衡的变化。

Kimball(1986)发现，在熏气试验（保护性环境下）条件下植物生物量约增加 21%，而 FACE 试验下生物量平均增加 17%左右。高浓度 CO_2 下，豆类产量可增加 28%～46%(Bazzaz *et al*, 1992)。本研究中也有类似的结果，CO_2 浓度升高促进了绿豆的生长发育，收获期地上部分总生物量明显增加，籽粒产量也显著提高，单株地上部分生物量和籽粒产量分别增加了 24.45%和 13.87%（图 5.10）。CO_2 浓度升高对绿豆单荚粒数和百粒重影响不显著，表明籽粒产量的提高主要是由于 CO_2 浓度升高促进了绿豆有效荚数的增加（表 5.4）。由于生物量的增加幅度要较产量的增加幅度更大，随着生物量的增加，收获指数较对照下降（图 5.10）。这也给我们一个将来增产的新思路，如果能够抑制碳同化物向茎输送或能够使其再分配到种子中去将有助于产量及收获指数的提高。

CO_2 浓度升高促进绿豆生物量和产量提高，可以在一定程度上缓解未来气候变化后气温升高和水分供应变化对绿豆生产的不利影响。随着全球工业生产的发展，大气 CO_2 浓度持续升高的背景下，这些研究结果对可预见的将来包括绿豆生产在内的农业持续发展有特殊的积极意义。

5.4 大气 CO_2 浓度升高对谷子生长发育与光合生理的影响

大气 CO_2 浓度升高会促进植物的光合作用，提高植物水分利用率，有利于植物生长及作物产量提高。自由大气 CO_2 富集系统(Free-air CO_2 enrichment, FACE)的方法和设施系统可以在不改变农田小气候的情况下保持高 CO_2 浓度。谷子是我国北方地区重要的粮食作物之一，以抗旱、耐瘠、营养价值高而著称，是改善人民膳食结构的重要粮食作物。谷子是 C_4 作物，以往的研究认为 C_4 作物对 CO_2 浓度升高的反应没有 C_3 作物高(Bowes, 1993)。大气 CO_2 浓度升高对谷子影响的研究日前还未见报道。本研究首次利用 FACE 系统对谷子生长进行了相关研究，拟了解未来气候变化情景下，大气 CO_2 浓度升高对谷子光合生理及生长发育的影响，以更加清楚未来谷子的生产情况，提前采取措施保证我国的食品安全。

(1)试验材料：供试材料为山西省太谷晋农种苗繁育场提供的谷子品种红钙谷，在华北地区春夏播种均可，株高 90～100 cm，生育期 90d 左右。

(2)试验处理：利用中国农业科学院农业环境与可持续发展研究所北京昌平 miniFACE 实验系统麦-豆轮作系统进行。miniFACE 实验系统构成、系统控制等同上。

采取单因素随机区组设计，两个 CO_2 浓度处理分别为对照大气 CO_2 浓度（平均 390±40 μmol/mol 左右）与高 CO_2 浓度（550±60 μmol/mol 左右），高 CO_2 浓度通过 FACE 系统实现，3 次重复。采取盆栽试验（盆直径 23.5 cm，盆深 20 cm，装土 6.5 kg），播前浇透水，水渗下后播种，每盆均匀播精选种子 40 粒左右，播后覆土 1.5 cm 左右。2009 年 7 月 1 日播种，出苗后分别放入高浓度 CO_2 处理的 FACE 圈和对照圈中，每个圈中放 3～4 盆，幼苗长出第 5 片叶后间苗，每盆留苗 5 株，并施入 20 g 磷酸二铵。及时浇水，防止干旱，浇水时间在早上和傍晚进行，及时松土防止板结，注意清除杂草。其他管理 FACE 处理和对照均一致。

(3)测定指标与方法包括谷子形态指标测定和光合作用测定：

①谷子形态指标测定：在谷子播后 30 d、41 d、53 d 和 70 d，进行株高、茎粗、叶片数、叶面积、叶绿素含量的测定，各指标对所有植株都进行观察。利用卷尺测量第一茎节下端到顶叶叶尖长度为谷子株高，游标卡尺测定第一茎节中部直径为谷子茎粗。叶面积和叶绿素观测倒数第 1 和第 2 片完全展开的叶片，叶面积采取长宽法测出长宽后，每个发育期选取 3 片谷子叶片，不摘取叶片直接在植株上用称重法测叶面系数，将选取的叶片分别置于白色打印纸上，打印纸下垫一光滑塑料板，用铅笔依照叶片轮廓在白色打印纸上画出每个叶片

轮廓，量出白纸上的叶片长和宽后，按该长宽剪下长方形的白纸及白纸上的叶片轮廓，分别称重，叶面积系数＝叶片轮廓纸重/长方形纸重，用测得的长宽和叶面系数计算叶面积。叶绿素含量测定采用SPAD502 DL叶绿素仪进行，单位为SPAD值（表示叶绿素相对含量或叶片绿度），测定时避开叶脉。

②光合作用测定：在抽穗期（播后71d）使用便携式光合气体分析系统（LI6400，Li-Cor Inc，Lincoln NE，美国）进行气体交换测定。选取完全展开的旗叶测定净光合速率（P_n）、气孔导度（G_s）、蒸腾速率（T_r）和胞间CO_2浓度与环境CO_2浓度的比值（C_i/C_a），并计算水分利用效率（WUE），WUE＝P_n/T_r。FACE圈内和对照大气圈内（自然条件下的大气CO_2浓度）谷子旗叶在550 μmol/mol和390 μmol/mol两个CO_2浓度下进行测定，选择这两个浓度的原因为550 μmol/mol是2050年可能的大气CO_2浓度，即我们的FACE控制目标浓度，390 μmol/mol是田间自然条件下的大气CO_2浓度。测定时使用内置红蓝光源，光量子通量密度（PPFD）为1600 μmol/（m^2·s），叶室温度设定在25℃。还测定了谷子旗叶净光合速率和气孔导度对CO_2浓度的响应曲线，叶室CO_2浓度设定为550 μmol/mol、390 μmol/mol、300 μmol/mol、200 μmol/mol、100 μmol/mol、50 μmol/mol、390 μmol/mol、550 μmol/mol、600 μmol/mol、700 μmol/mol、800和550 μmol/mol。测定时使用内置红蓝光源，光量子通量密度（PPFD）为1600 μmol/（m^2·s），叶室温度设定在25℃。

5.4.1 CO_2浓度升高对谷子形态指标的影响

如图5.11、图5.12和图5.13所示，CO_2浓度升高对谷子各形态指标有不同的影响。CO_2浓度升高会使谷子株高增加，增幅为3.7%～6.9%，后期增加幅度与同期对照达到显著水平，对谷子茎粗也表现为促进作用，增幅为13.6%～27.4%，除苗期（播后30d）外，其他发育期与对照均达到显著和极显著水平（图5.11）；而对谷子叶片数无显著影响（图5.12）；CO_2浓度升高使谷子苗期到孕穗期倒数第 1 和倒数第 2 片完全展开叶的叶面积增加，而抽穗期叶面积则有所下降，但均未达到显著水平(图 5.13)。

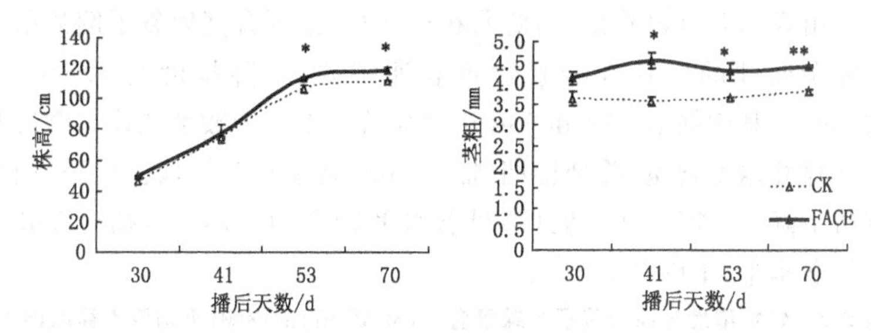

图 5.11　CO_2 浓度升高对谷子株高、茎粗的影响

(＊表示在 α=0.05 水平显著，＊＊表示在 α=0.01 水平显著。下同)

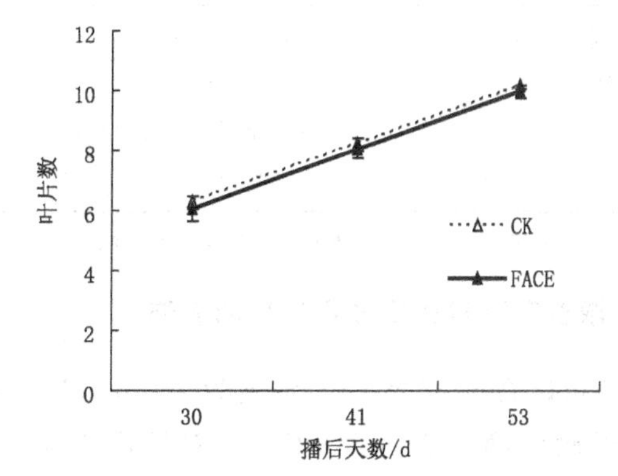

图 5.12　CO_2 浓度升高对谷子叶片数的影响

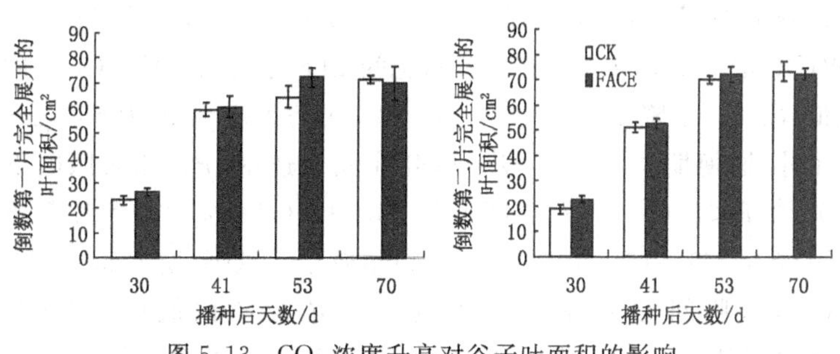

图 5.13　CO_2 浓度升高对谷子叶面积的影响

5.4.2 CO_2浓度升高对谷子叶片叶绿素含量的影响

由表5.5可以看出，与对照相比，CO_2浓度升高后谷子倒数第一片完全展开的叶片叶绿素含量有所下降，下降幅度为1.52%～10.36%，其中播后41d和53d达到显著水平。倒数第二片完全展开的叶片叶绿素含量，除抽穗期(播后70d)高于对照外，其他发育期均有所下降，且播后41d达到极显著水平(下降10.74%)，播后53d达到显著水平(下降2.90%)。

表5.5 CO_2浓度升高对谷子叶绿素含量(SPAD值)的影响(平均值±标准误差)

叶位	处理	播后日数/d			
		30	41	53	70
倒数第1片	CK	38.93±0.636a	37.63±0.437 a	49.77±0.617 a	50.37±1.1289a
全展叶	FACE	35.23±1.238a	33.73±0.924 b	47.83±0.145 b	49.6±1.2897a
倒数第2片	CK	39.5±1.761a	41.57±0.688 A	51.67±0.120 a	51.27±0.9838a
全展叶	FACE	35.23±0.995a	37.1±0.152 B	50.17±0.504 b	52.63±2.2482a

注：表中数据后带有相同小写、大写字母分别表示在0.05、0.01水平显著

5.4.3 CO_2浓度升高对谷子光合作用的影响

从表5.6可以看出，叶室CO_2浓度为390 μmol/mol时，抽穗期FACE圈谷子旗叶净光合速率(P_n)比对照圈下降2.84%($P>0.05$)，气孔导度下降16.54%($P<0.05$)，由于气孔导度(G_s)下降，叶片蒸腾速率(T_r)也下降14.51%($P<0.05$)，水分利用效率(WUE)增加13.79%($P>0.05$)，胞间CO_2浓度与环境CO_2浓度的比值(C_i/C_a)下降21.72%($P>0.05$)。叶室CO_2浓度为550 μmol/mol时，抽穗期FACE圈谷子旗叶净光合速率(P_n)比对照圈下降6.08%($P<0.05$)，气孔导度下降36.29%($P<0.01$)，叶片蒸腾速率下降32.41%($P<0.01$)，水分利用效率(WUE)增加38.05%($P<0.01$)，胞间CO_2浓度与环境CO_2浓度的比值(C_i/C_a)下降23.66%($P>0.05$)。抽穗期谷子旗叶净光合速率和气孔导度对

CO_2 浓度的响应曲线也表明(图 5.14),FACE 圈内谷子旗叶在相同 CO_2 浓度下气孔导度和光合速率较对照圈下降。叶室 CO_2 浓度在 390 μmol/mol 以下时,气孔导度的下降幅度为 7.2%~19.2%,而叶室 CO_2 浓度升高到 550 μmol/mol 以上后,气孔导度下降幅度为 36.4%~42.28%。

表 5.6　CO_2 浓度升高对谷子光合参数的影响(平均值±标准误差)

	叶室 CO_2 浓度 390 μmol/mol		叶室 CO_2 浓度 550 μmol/mol	
	FACE	CK	FACE	CK
净光合速率(P_n) /[μmol/(m² · s)]	20.5± 0.1154 a	21.1± 1.3279 a	21.6± 0.1732 a	23.0± 0.3605 b
气孔导度(G_s) /[μmol/(m² · s)]	0.1463± 0.0095 a	0.1753± 0.0043 b	0.1053± 0.0009 A	0.1653± 0.0115 B
蒸腾速率(T_r) /[mmolH_2O/(m² · s)]	2.475± 0.1299 a	2.895± 0.0779 b	1.87± 0 A	2.767± 0.1545 B
水分利用效率(WUE) /(μmolCO_2 · mmolH_2O)	8.3338± 0.4861a	7.3238± 0.6566 a	11.5508± 0.0926 A	8.3669± 0.4925 B
Ci/Ca	0.3086± 0.0418 a	0.3943± 0.0498 a	0.3796± 0.0324 a	0.4973± 0.0359 a

注:表中数据后带有相同小写、大写字母分别表示在 0.05、0.01 水平显著

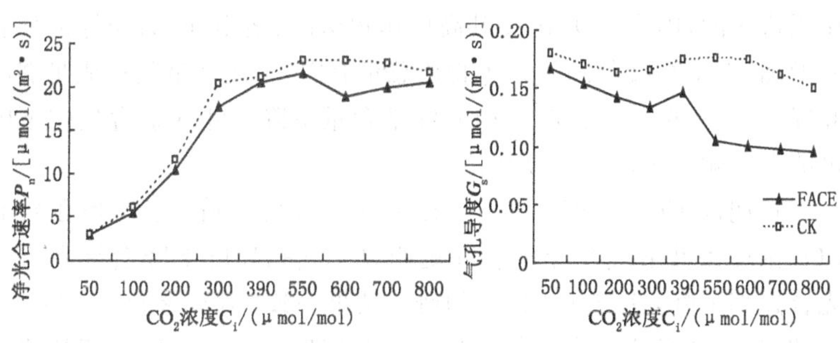

图 5.14　谷子在 FACE 圈(高 CO_2 浓度)和对照圈(目前大气 CO_2 浓度)的净光合速率(P_n)和气孔导度(G_s)随 CO_2 浓度变化曲线

5.4.4 讨论

CO_2 是作物进行光合作用的重要原料。在人工气候室条件下采用盆栽方法对其他植物的研究指出，增加 CO_2 浓度能够促进植物叶面积生长，提高单位叶面积的净光合速率，显著增加干物质积累量。C_3 作物和 C_4 作物的碳同化途径不同，大气 CO_2 浓度升高对 C_4 作物的光合作用没有很大的促进作用，在高 CO_2 浓度下光合速率仅提高 4%(Kimball *et al*，1997)，而 C_3 作物光合作用对高 CO_2 浓度的反应是 C_4 作物的 3 倍(Ainsworth *et al*，2005)。谷子是 C_4 作物，CO_2 浓度升高对谷子的促进作用可能会比较小。利用自由大气 CO_2 浓度富集系统(FACE)对谷子生长发育及光合生理的研究表明，CO_2 浓度升高后谷子叶片叶绿素含量下降 1.52%～10.74%，抽穗期叶片气孔导度下降 39.88%，叶片光合能力下降，净光合速率没有显著提高。大气 CO_2 浓度增加促进了前期谷子叶面积的增加，有利于作物制造更多的有机物质和作物的生长发育，促进了谷子株高、茎粗的增加，增加幅度分别为 3.76%～6.96% 和 13.66%～27.47%。由于气孔导度下降，叶片的蒸腾作用也会下降，使谷子叶片水分利用率提高 57.71%($P<0.01$)，有利于谷子抗旱能力的提高。

CO_2 浓度升高后谷子叶片叶绿素含量下降，这可能是由于稀释作用造成的，因为 CO_2 浓度升高后作物株高、茎粗、叶面积等都会有所增加，而植物吸收的氮素等物质总量有限，不能满足其合成足够的叶绿素，导致单位面积叶片内叶绿素含量下降。叶绿素含量的下降可能会影响谷子净光合速率。

长期高 CO_2 浓度条件下，谷子气孔导度下降，尤其是在较高 CO_2 浓度条件下气孔导度下降更明显。气孔导度下降会导致谷子光合速率下降，这与其他作物的研究结果一致(Nowak *et al*，2004)。短期 CO_2 浓度升高光合作用增强，但长期高浓度 CO_2 将使植物对 CO_2 浓度产生光适应现象，即高浓度 CO_2 对植物光合速率的促进随时间的延长而逐渐消失(Ainsworth *et al*,2005)。长期的高 CO_2 浓度条件下谷子出现了光适应现象,但由于 FACE 条件下 CO_2 浓度(550 μmol/mol)远高于对照条件下 CO_2 浓度(390 μmol/mol),FACE 圈中谷子在 550 μmol/mol CO_2 浓度下净光合速率仍然要高于对照圈 390 μmol/mol CO_2 浓度下的净光合速率(见表5.6),增加幅度为 2.37%($P>0.05$),这也可以解释 FACE 条件下谷子株高、茎粗、叶面积增加的原因。

CO_2 浓度升高后植物气孔导度会下降,使植物蒸腾作用减弱,叶片温度升高,叶温适当提高对谷子生长会有促进作用。21 世纪中期由于大气 CO_2 浓度的增加,大气温度本身会提高 1℃以上,蒸腾减弱可能会导致的植物叶温过高,使作物发生热害的可能性增加。

Wand 等(1999)利用封闭气室对 48 种 C_4 作物进行了研究,而利用 FACE 系统对 C_4 作物进行的研究,到目前为止仅有 5 种(Conley *et al*,2001;Leakey *et al*,2006)。本试验关于谷子的研究也是一年的结果,且是盆栽试验,对于 CO_2 浓度升高对谷子及其他 C_4 作物的影响,有待于在今后进一步深入探究。

5.5 大气 CO_2 浓度升高对板蓝根叶片光合生理及超微结构的影响

工业革命以来,全球大气 CO_2 浓度持续升高。CO_2 是植物光合作用的原料,大气 CO_2 浓度升高会影响植物光合生理,进而影响植物生长发育。但其影响效应会随植物种类、品种及发育阶段不同而变化。

中草药学是古老的医药科学,是中国以及世界的瑰宝。越来越受到人们的重视。中药在世界范围的年商业交易额已经到达几十亿美元以上,已经有 1500 种中草药被直接或间接用于疾病治疗。根据预测中药的应用将不断扩展(Wang *et al*,2002)。每年美国的中药消费已经超过 50 亿美元(Vickers *et al*,2001),传统的中医已经越来越受到人们的重视。

板蓝根属于十字花科植物，中国大多数地区均可种植。板蓝根的根和叶均可入药。板蓝根为两年生草本植物，第一年生长的根和叶可入药，种子在第二年夏天收获。板蓝根有抗病毒、抗癌、抗菌及提高免疫力等多重功效（Kong *et al*，2008）。被用于治疗感冒、解毒、缓解咽部不适等。腺苷是板蓝根重要药用成分之一，是板蓝根药效指标之一，可以用于鉴定板蓝根品质。腺苷可以用于保护心脏、治疗慢性心率衰竭，并有消炎作用。板蓝根的中药制剂被广泛应用于流感治疗过程中，中国目前每年的板蓝根用量大约为 2000 t。

明确大气 CO_2 浓度升高对中草药的影响将为农民和相关工业企业提高重要信息以应对未来的气候变化。但是，目前还没有关于大气 CO_2 浓度升高对中药植物光合生理及生长状况影响的研究。已经有学者利用 FACE 和 OTC 对同属于十字花科的拟南芥和中国卷心菜开展了研究，大气 CO_2 浓度升高增加拟南芥和卷心菜的光合速率，但其气孔导度和蒸腾速率会下降（Teng *et al*，2009；王修兰等，1994）。

叶绿素荧光参数之一最大电子传递速率（ETRmax）可以用于评价叶片的光合能力。有报道最大电子传递速率（ETRmax）随大气 CO_2 浓度升高而增强（Rascher *et al*，2010）。大气 CO_2 浓度升高还会改变植物叶片超微结构增加叶绿体内的淀粉粒数量，这都将会影响植物光合能力（Zuo *et al*，2002）。

不同植物对大气 CO_2 浓度升高的反应不同。本研究首次报道了在开放式自由大气 CO_2 浓度升高条件下板蓝根光合生理、叶绿素荧光以及叶片超微结构的变化。本研究拟解答如下问题：(1)大气 CO_2 浓度升高后板蓝根叶片光合生理、叶绿素荧光以及叶肉细胞超微结构是否会改变，它们之间是否存在相关性？(2)大气 CO_2 浓度升高是否会提供板蓝根光合作用，这是否会影响板蓝根产量，板蓝根的有效成分是否会改变？

(1)试验方法：本试验于 2011 年在中国农科院昌平 FACE 平台

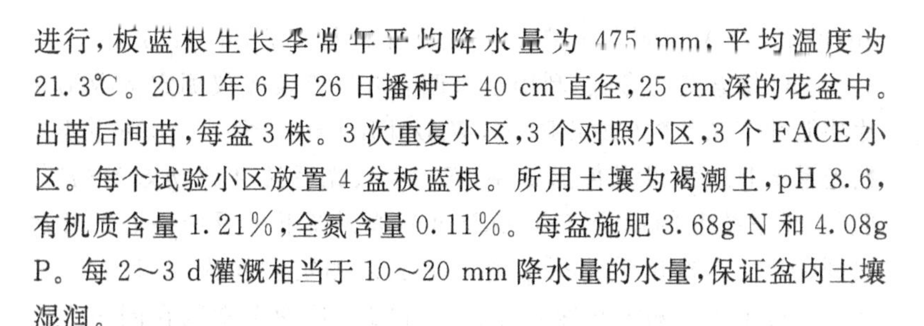

进行，板蓝根生长季常年平均降水量为475 mm，平均温度为21.3℃。2011年6月26日播种于40 cm直径，25 cm深的花盆中。出苗后间苗，每盆3株。3次重复小区，3个对照小区，3个FACE小区。每个试验小区放置4盆板蓝根。所用土壤为褐潮土，pH 8.6，有机质含量1.21%，全氮含量0.11%。每盆施肥3.68g N和4.08g P。每2～3 d灌溉相当于10～20 mm降水量的水量，保证盆内土壤湿润。

(2)测定方法包括以下4个方面：

①叶片超微结构观察：8月19日(板蓝根长出11片叶)，分别选取FACE圈和对照圈中倒数第一片完全展开的叶片3片(取样时间为当天10：00—12：00之间)，切成0.5 cm×2 cm小段投入5%(V/V)戊二醛中固定。实验室切成2 mm^2小段，1%锇酸(OsO_4)固定，切片后用电子显微镜(JEOL JEM—2100F)观测超微结构。

②光合生理指标测定：分别于播种后36d、53d、84d(对应生育期为板蓝根长出7片叶，11片叶，18片叶)进行光合作用测定。测定叶片为倒数第一片功能叶。测定仪器为便携式光合测定系统(LI-COR 6400，Lincoln，Neb，美国)，叶室浓度由CO_2注入系统控制，使用红蓝光叶室，人工光源，光强控制在1 400 μmol photons/(m^2·s)。叶室温度设置为25℃，实际温度为25～28℃。对照和处理叶片均进行CO_2响应曲线测定(A－Ci)，CO_2浓度控制程序为550 μmol/mol、400 μmol/mol、300 μmol/mol、200 μmol/mol、100 μmol/mol、50 μmol/mol、400 μmol/mol、550 μmol/mol、600 μmol/mol、700 μmol/mol、800 μmol/mol、1000 μmol/mol、1200 μmol/mol、550 μmol/mol，每次放入叶片后，等达到平衡后再进行测定，测定时段为每日9：00—14：00。每次测定时间大约为35分钟。测定出P_n－C_i用于计算最大羧化速率($V_{c,max}$)和最大电子传递速率(J_{max})(Sharkey *et al* 2007)。同时测定净光合速率(P_n)、蒸腾速率(T_r)、气孔导度(G_s)、水分利用效率(WUE，WUE＝P_n/T_r)，测定光强、温度设置与CO_2响应曲线测定条件一致。对照叶片叶室CO_2浓度控制在400

μmol/mol,FACE叶片叶室CO_2浓度控制在550 μmol/mol。

③叶绿素荧光参数:利用小型调制叶绿素荧光仪测定倒数第一片功能叶荧光参数(Mini-PAM,Walz,Effeltrich,德国),分析主要参数光系统Ⅱ最大量子传递效率(F_v/F_m)、光系统Ⅱ原初效率(F_v'/F_m')、光系统Ⅱ的量子产量(ΦPSⅡ)、光系统Ⅱ的反应中心的开放比例(qP)、非光化学猝灭系数(NPQ)。测定时间为每日9:00—15:00,每个小区测定9株叶片。F_0'和F_m'这两个常数在同一天的夜间23:00—次日01:00之间测定,以保证叶片暗适应,饱和光强设定为4000 μmol/(m^2·s)持续800 ms。利用Rascher *et al*(2004)的方法计算所有的荧光参数。

④收获干重:2011年10月8日收获,分开地上部分和地下部分,自然晾干后称重。

⑤腺苷含量的测定:腺苷标样购买于中国国家食品药品管理研究所(北京)。样品根系50℃烘干至恒重。研磨成粉末,过80目筛。利用液相色谱系统(Agilent,PaloAlto,CA,美国)分析样品腺苷含量。紫外检测器(L-4250)波长设定为260 nm。标样及对照和处理根系样品色谱图见图5.15。

5.5.1 大气CO_2浓度升高对板蓝根叶片光合参数的影响

在播种后36 d、53 d、84 d,大气CO_2浓度升高使板蓝根叶片净光合速率(P_n)分别提高13.1%、22.8%和27.1%,气孔导度(G_s)和蒸腾速率(T_r)无显著变化,水分利用效率(WUE)分别增加1.3%、28.9%和20.7%。最大羧化速率($V_{c,max}$)无显著变化,最大电子传递速率(J_{max})分别增加2.2%、7.3%和20.2%。净光合速率(P_N)、孔导度(G_s)、蒸腾速率(T_r)、水分利用效率(WUE)、最大羧化速率($V_{c,max}$)、最大电子传递速率(J_{max})的CO_2浓度与生育期的交互作用均不显著(表5.7)。

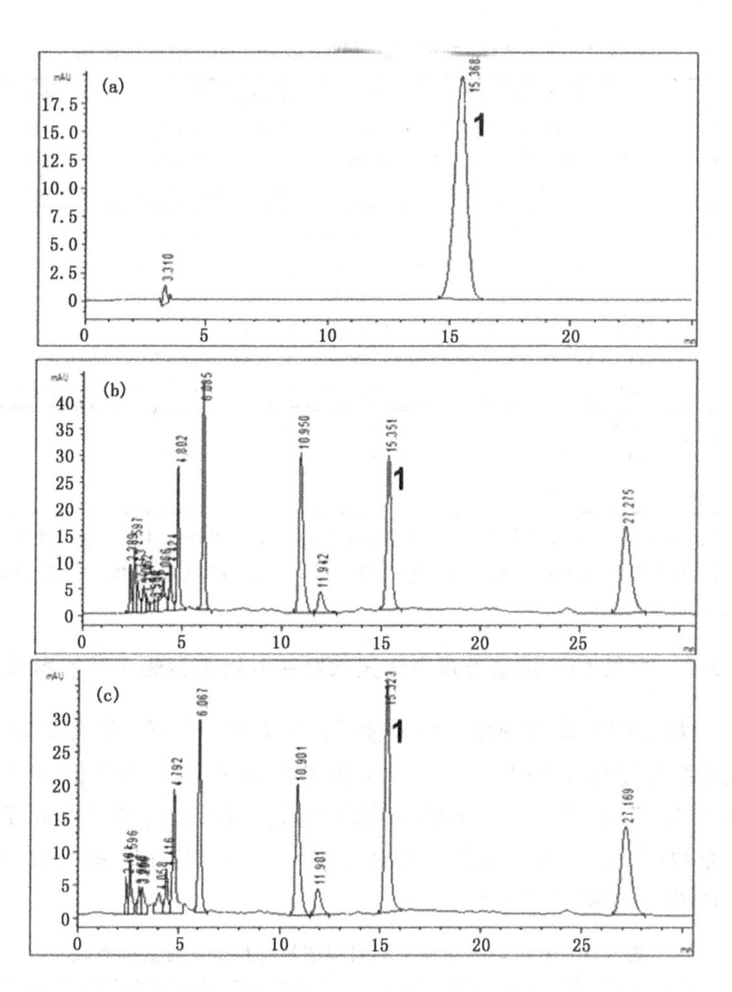

图 5.15 腺苷标样、目前大气 CO_2 浓度条件下、大气 CO_2 浓度升高后板蓝根根部气相色谱图

(峰1为腺苷气谱峰,保留时间大约为15.3 min。(a)为标样气谱图(腺苷浓度为0.0272 mg/ml),本实验共设定五个标准样品浓度:0.0068 mg/ml、0.0136 mg/ml、0.0272 mg/ml、0.0544 mg/ml and 0.068 mg/ml 。(b)为目前大气 CO_2 浓度条件下板蓝根根部气谱图。(c)为大气 CO_2 浓度升高后板蓝根根部气相色谱图)

表 5.7 大气 CO_2 浓度升高对板蓝根叶片光合参数的影响

播种后天数/d	CO_2 浓度	净光合速率(P_n)/[(mol(CO_2)/(m² · s)]	气孔导度(G_s)[mmol(H_2O)/(m² · s)]	蒸腾速率(T_r)[mmol/(m² · s)]	水分利用效率(WUE)[mol/mmol]	最大羧化速率(V_{cmax})[(mol/(m² · s)]	最大电子传递速率(J_{max})[(mol/(m² · s)]
36	CK	18.49±0.57	1.22±0.09	8.42±0.44	2.30±0.06	70.69±2.80	99.2±5.48
	FACE	20.92±0.34	1.38±0.16	9.02±0.28	2.33±0.11	72.35±3.98	101.43±2.74
53	CK	19.08±0.91	1.25±0.05	9.50±0.19	2.01±0.06	85.03±5.53	115.31±5.22
	FACE	23.43±1.15	1.12±0.05	9.05±0.32	2.59±0.12	81.07±6.44	123.72±11.36
84	CK	16.88±0.64	0.32±0.09	3.79±0.55	4.59±0.51	85.67±10.07	139.21±9.02
	FACE	19.76±0.83	0.26±0.03	3.61±0.34	5.54±0.42	92.60±3.81	167.34±5.20
P-Values	生育期	0.01	0.00	0.00	0.00	0.03	0.00
	CO_2	0.00	0.94	0.96	0.04	0.76	0.05
	生育期 * CO_2	0.46	0.29	0.37	0.30	0.67	0.20

* 光合参数测定分别在光合仪气室浓度设定相应生长 CO_2 浓度下测定。表中数据为平均值±标准误差,3 次重复,每个小区测定 3 株。SAS 软件分析 CO_2 浓度、生育期及其交互作用的显著性水平

5.5.2 大气 CO_2 浓度升高对板蓝根叶片叶绿素荧光参数的影响

大气 CO_2 浓度升高对最大量子传递效率(F_v/F_m)没有影响,使光系统Ⅱ原初效率(F_v'/F_m')、光系统Ⅱ的量子产量(ΦPSⅡ)分别增加 5.3%和 10.2%。大气 CO_2 浓度升高使板蓝根叶片非光化学猝灭系数(NPQ)下降 14.7%,但对光系统Ⅱ的反应中心的开放比例(qP)没有影响(表 5.8)。

表 5.8 大气 CO_2 浓度升高对板蓝根叶片荧光参数的影响

播种后天数/d	CO_2 浓度	F_v/F_m	F_v'/F_m'	ΦPSⅡ	qP	NPQ
36	CK	0.84±0.00	0.53±0.01	0.31±0.00	0.59±0.02	1.89±0.07
	FACE	0.84±0.00	0.57±0.01	0.33±0.01	0.59±0.02	1.43±0.13
53	CK	0.82±0.00	0.49±0.02	0.28±0.02	0.57±0.01	1.52±0.08
	FACE	0.82±0.01	0.53±0.01	0.33±0.01	0.61±0.02	1.33±0.05

续表

播种后天数/d	CO_2 浓度	F_v/F_m	F_v'/F_m'	ΦPSⅡ	qP	NPQ
84	CK	0.82±0.01	0.49±0.01	0.29±0.01	0.59±0.03	2.39±0.14
	FACE	0.82±0.01	0.49±0.02	0.31±0.02	0.62±0.02	2.19±0.22
P-Values	生育期	0.04	0.00	0.26	0.52	0.00
	CO_2	0.95	0.02	0.02	0.10	0.02
	生育期×CO_2	0.83	0.35	0.54	0.39	0.51

注:表中数据为平均值±标准误差,3 次重复,每个小区测定 6 株。SAS 软件分析 CO_2 浓度、生育期及其交互作用的显著性水平

5.5.3　大气 CO_2 浓度升高对板蓝根叶肉细胞超微结构的影响

大气 CO_2 浓度升高使板蓝根叶肉细胞单位刨面淀粉粒数量增加 150.0%,单位淀粉粒面积增加 144.3%(表 5.9 和图 5.16a,b,c,d)。大气 CO_2 浓度升高叶绿体膜无明显的影响。大气 CO_2 浓度升高后,虽然叶绿体膜和类囊体结构基本完整,但其结构较对照浓度下的结构更紧密(图 5.16b,c,e,f)。

表 5.9　大气 CO_2 浓度升高对板蓝根叶片叶绿体淀粉粒数量和大小的影响

CO_2 浓度	每个叶绿体轮廓的淀粉粒数量	单个淀粉粒面积/μm^2
CK	1.5±0.29	0.74±0.08
FACE	3.75±0.48	1.81±0.12
增长率	150.0%	144.3%
P-Value	0.01	0.00

注:表中数据为平均值±标准误差,每个叶绿体轮廓的淀粉粒数量为 50 个叶绿体轮廓的平均值,单个淀粉粒面积为 50 个淀粉粒的平均值。SAS 软件分析 CO_2 浓度的显著性水平

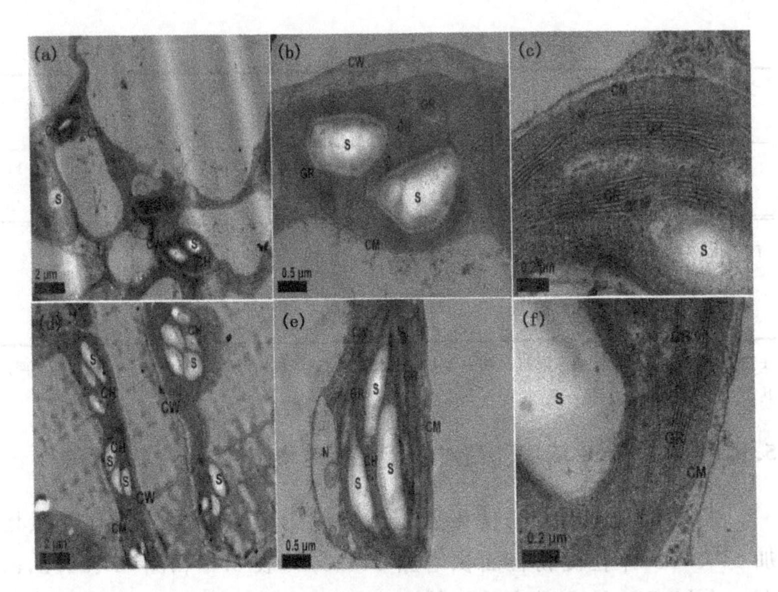

图 5.16 大气 CO_2 浓度升高对板蓝根叶肉细胞超微结构的影响

(a)～(c)：目前大气 CO_2 浓度下板蓝根叶片超微结构（放大倍数分别为×8000，×30000，×80000）；(d)～(f)：大气 CO_2 浓度升高条件下板蓝根叶片超微结构（放大倍数分别为×8000，×30000，×80000）；S：淀粉粒；GR：基粒片层；CM：叶绿体膜；CH：叶绿体；CW：细胞壁；N：细胞核）.

5.5.4 大气 CO_2 浓度升高对板蓝根生物量及根中腺苷的影响

大气 CO_2 浓度升高增加板蓝根单株根重 17.4%，但对叶重无显著影响。大气 CO_2 浓度升高板蓝根单株总重为 16.4g/株，较对照的 15.1g/株增加 8.8%（图 5.17）。大气 CO_2 浓度升高和对照浓度条件下，板蓝根根中腺苷含量分别为 0.59 mg/g 和 0.44mg/g，但未达到统计显著水平（图 5.18）。

5.5.5 讨论和结论

CO_2 浓度升高对植物光合作用的促进作用会随着时间的推移

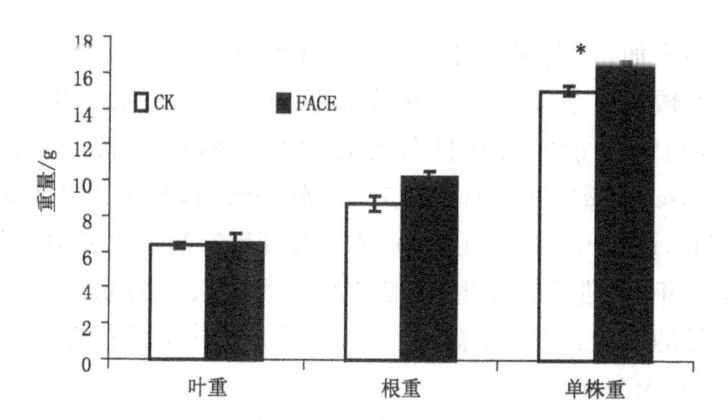

图 5.17 大气 CO_2 浓度升高对板蓝根生物量的影响

(3次重复,* 为 $P \leqslant 0.05$)

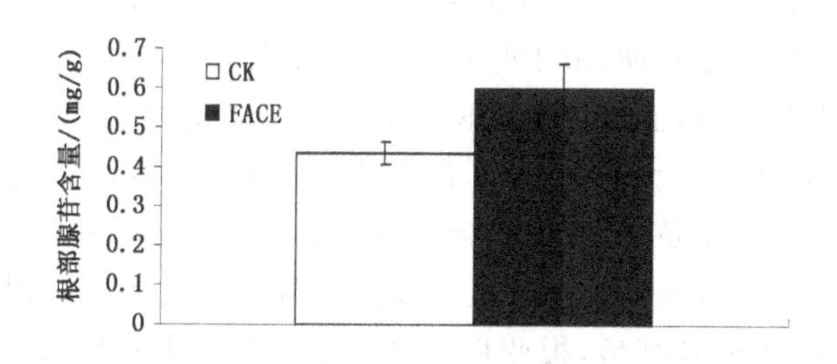

图 5.18 大气 CO_2 浓度升高对板蓝根根部腺苷含量的影响

(3次重复)

逐渐减弱,这一现象称之为光适应现象。光适应现象已经被证实存在于 C_3 植物水稻(Seneweera *et al*,2011)、大豆(Hao *et al*,2012)、小麦(Aranjuelo *et al*,2011)中,而且其表现随植物种类、品种、发育期和环境条件的差异而不同(Ainsworth *et al*,2005;Hao *et al*,2012)。光系统Ⅱ的量子产量(ΦPSⅡ)作为电子穿过光系统Ⅱ的数量指标,与光系统Ⅱ的光合效率相关。非光化学猝灭系数(NPQ)反映植物通过热能耗散的热量而非通过电子传递散失的热量。当库容受到限制(没有足够的新库产生)时 NPQ 会增加(Myers *et al*,1999)。我们的研究发现,CO_2 浓度升高后净光合速率和最大电子传递速率增加，这与 ΦPSⅡ、光系统Ⅱ原初效率(F_v'/F_m')变化一致。最大羧化速率、最大量子传递效率(F_v/F_m)、光系统Ⅱ的反应中心的开放比例(qP)没有显著变化，但是 NPQ 下降。本结果与 Tausz-Posch *et al*(2003)研究结果部分一致，该研究发现小麦叶片的 ΦPSⅡ、F_v'/F_m'和 qP 在 CO_2 浓度升高后升高。板蓝根在其生长季的第一年，只进行营养生长，植物生长需要大量的光合产物，没有库容不足的限制，NPQ 下降，更多的能量被用于电子传递，所以量子产量增加，光合作用增强。

叶绿体中淀粉粒的数量和体积增加表明 CO_2 浓度升高后板蓝根叶片光合产物增加。如果没有新库用于吸收过多的光合同化物，光合作用将会受到抑制(Isopp *et al*，2000；Hao *et al*，2012)，产生光适应。在生殖生长期，由于叶片 N 含量下降，水稻旗叶在 FACE 条件下出现光适应，而在生殖生长期第 8 叶没有光适应出现(Seneweera *et al*，2002)。大豆中黄 13 在鼓粒期出现光适应，而中黄 35 没有光适应出现。中黄 35 没有出现光适应是因为有足够的新碳库产生。光适应在库源比例增加时不会出现，而当库源比例下降时会出现。大气 CO_2 浓度升高后，板蓝根在第一年的营养生长期有新库发展，没有光适应出现。

大气 CO_2 浓度升高使板蓝根光合作用增加，生物产量增加 8.8%，这与其他十字花科植物的研究结果类似(Teng *et al*，2009)。大气 CO_2 浓度升高使拟南芥光合作用增加 17.1%，单株生物量、单株繁殖体重量均明显增加(Teng *et al*，2009)。中国卷心菜的光合速率在高 CO_2 浓度下增加 39%，单株干重增加 28.2%(王修兰 等，1994)。作为板蓝根主要药效成分之一的腺苷含量没有显著变化，但由于单株板蓝根根生物量的增加，单株腺苷产量显著增加了 58.3%($P<0.05$)。

气候、土壤类型、施肥措施的不同都会影响中药植物的生长发育及药效(白仲梅，2008)。未来随着大气 CO_2 浓度升高，全球气温将会持续升高，这将增加极端性天气气候事件如干旱事件的发生概率。

未来随着工业的发展,大气中 O_3 浓度也将增加。植物的生长及代谢将会受到 CO_2 浓度升高、气温升高、干旱以及 O_3 浓度增加等复合效应的影响。未来夜间气温会增加,以及高温事件将使水稻产量下降(Krishnan *et al*,2011;Mohammed *et al*,2010)。CO_2 浓度升高对植物的正效应可能不能抵消高温和 O_3 浓度增加对油菜产生的负效应(Frenck *et al*,2011)。气温升高、干旱以及 O_3 浓度增加将减弱 CO_2 浓度升高产生的肥效作用(Biswas *et al*,2013;Betzelberger *et al*,2010)。气候变化(包括 CO_2 浓度升高、气温升高、干旱以及 O_3 浓度增加)对板蓝根生长、代谢及有效成分的影响有待今后的研究中继续深入研究。

大气 CO_2 浓度升高后,植物叶片气孔导度下降会使水分利用效率提高。我的研究发现大气 CO_2 浓度升高后板蓝根气孔导度没有减小,但因为净光合速率增加,水分利用效率仍然是增加了17.5%。这预示中药植物在未来气候变化下对干旱的适应能力将提高。

另外,大气 CO_2 浓度升高后板蓝根叶片叶绿体膜和类囊体基粒片层结构是完整的,但由于淀粉粒的数量和体积增加,叶绿体内空间被淀粉粒占据,使基粒片层结构更紧密。大气 CO_2 浓度升高后,P_n、J_{max}、F_v'/F_m' 和 ΦPSⅡ增加,光适应没有发生,这与叶绿体膜及基粒结构完好一致。

总之,大气 CO_2 浓度升高后,板蓝根最上层功能叶 P_n、J_{max}、F_v'/F_m' 和 ΦPSⅡ增加。通过光合生理和叶绿素荧光参数的变化,我们认为大气 CO_2 浓度升高后板蓝根的光合能力会提高,这将使板蓝根根部生物量增加。大气 CO_2 浓度升高对板蓝根中腺苷含量无显著影响。

参考文献

白莉萍，仝乘风，林而达，等. 2002. CO_2 浓度增加对不同冬小麦品种后期生长与产量的影响. 中国农业气象，**23**：13-16.

白月明，王春乙，温民. 2005. 大豆对臭氧、二氧化碳及其复合效应的响应. 应用生态学报，**16**：545-549.

白仲梅. 2008. 影响中药材产量质量因素的研究进展. 甘肃医药，**27**：18-21.

陈改苹，朱建国，谢祖彬，等. 2005. 开放式空气 CO_2 浓度升高对水稻根系形态的影响. 生态环境，**14**(4)：503-507.

崔昊，石祖梁，蔡剑，等. 2011. 大气 CO_2 浓度和氮肥水平对小麦籽粒产量和品质的影响. 应用生态学报，**22**(4)：979-984.

董桂春，王余龙，杨洪建，等. 2002. 开放式空气 CO_2 浓度增高对水稻 N 素吸收利用的影响. 应用生态学报，**13**(10)：1219-1222.

董桂春，王余龙，黄建晔，等. 2004. 稻米品质性状对开放式空气二氧化碳浓度增高的响应. 应用生态学报，**15**(7)：1217-1222.

范桂枝，蔡庆生，王春明，等. 2005. 水稻千粒重对大气 CO_2 浓度升高的响应. 作物学报，**31** (6)：706-711.

范桂枝，蔡庆生，王春明，等. 2007. 水稻株高性状对大气 CO_2 浓度升高的响应. 作物学报，**33** (3)：433-440.

高素华，王春乙. 1994. CO_2 对冬小麦和大豆籽粒成分的影响. 环境科学，**15**：65-66.

韩雪，林而达，郝兴宇，等. 2009. FACE 条件下冬小麦的光合适应. 中国农业气象，**30**：481-485.

韩雪，郝兴宇，王贺然，等. 2012a. FACE 条件下冬小麦生长特征及产量构成的影响. 中国农学通报，**28**：154-159.

韩雪，郝兴宇，王贺然，等. 2012b. 高浓度 CO_2 对冬小麦旗叶和穗部氮吸收的影响. 中国农业气象,**33**:197-201.

郝兴宇. 2009. 自由大气 CO_2 浓度升高对夏大豆生长发育与产量品质影响的研究. 博士论文. 太谷:山西农业大学.

郝兴宇,林而达,杨锦忠,等. 2009. 自由大气 CO_2 浓度升高对夏大豆生长与产量的影响. 生态学报,**29**:4595-4603.

郝兴宇,韩雪,居辉,等. 2010a. 气候变化对大豆影响的研究进展. 应用生态学报,**21**(10):2697-2706.

郝兴宇,李萍,林而达,等. 2010b. 大气 CO_2 浓度升高对谷子生长发育与光合生理的影响. 核农学报,**24**:589-594.

郝兴宇,韩雪,李萍,等. 2011a. 大气 CO_2 浓度升高对绿豆叶片光合作用及叶绿素荧光参数的影响. 应用生态学报,**22**(10):2776-2780.

郝兴宇,李萍,杨宏斌,等. 2011b. 大气 CO_2 浓度升高对绿豆生长及 C、N 吸收的影响. 中国生态农业学报,**19**:794-798.

胡健,王余龙,杨连新,等. 2006. 开放式二氧化碳浓度提高对武香粳 14 叶片硝酸还原酶活力的影响. 应用生态学报,**17**(11):2179-2184.

黄辉,王春乙,白月明,等. 2004. 大气中 O_3 和 CO_2 增加对大豆复合影响的试验. 大气科学,**28**:601-612.

黄建晔,杨洪建,董桂春,等. 2002. 开放式空气 CO_2 浓度增高对水稻产量形成的影响. 应用生态学报,**13**(10):1210-1214.

黄建晔,董桂春,杨洪建,等. 2003. 开放式空气 CO_2 增高对水稻物质生产和分配的影响. 应用生态学报,**14**(2):253-257.

黄建晔,杨洪建,杨连新,等. 2004. 开放式空气 CO_2 浓度增加(FACE)对水稻产量形成的影响及其与氮的互作效应. 中国农业科学,**37**(12):1824-1830.

黄建晔,杨连新,杨洪建,等. 2005. 开放式空气 CO_2 浓度增加对水稻生育期的影响及其原因分析. 作物学报,**31**(7):882-887.

姜帅,居辉,吕小溪,等. 2013. CO_2 浓度升高与水分互作对冬小麦生长发育的影响. 中国农业气象,**34**:403-409.

蒋跃林,岳伟,张庆国,等. 2005a. 大气 CO_2 浓度对大豆光能利用率和水分利用效率的影响. 耕作与栽培,(2):2-3.

蒋跃林,岳伟,姚玉刚,等. 2005b. 大气 CO_2 浓度增加对大豆籽粒品质的影响. 中国粮油学报,**20**:85-88.

蒋跃林,张庆国,岳伟,等. 2006a. 大气 CO_2 浓度升高对大豆根瘤量及其固氮活性的影响. 大豆科学, **25**: 255-258.

蒋跃林, 张庆国, 岳伟, 等. 2006b. 大气二氧化碳浓度升高条件下大豆光合色素含量的变化. 作物研究, **20**: 144-147.

李伏生, 康绍忠, 张富仓. 2002. 大气CO_2浓度和温度升高对作物生理生态的影响. 应用生态学报, **13**(9): 1169-1173.

李伏生, 康绍忠. 2003. 两种氮水平下CO_2浓度升高对冬小麦生长和氮磷浓度的影响. 土壤学报, **40**: 599-605.

廖轶, 陈根云, 张道允, 等. 2002. 冬小麦光合作用对开放式空气CO_2浓度增高(FACE)的非气孔适应. 植物生理与分子生物学学报, **29**(6): 494-500.

林伟宏. 1998. 植物光合作用对大气CO_2浓度升高的反应. 生态学报, **18**: 121-128.

林宏伟, 王大力. 1998. 大气CO_2浓度升高对水稻生长和代谢分配的影响. 科学通报, **43**(21): 335-341.

罗卫红, Mayumi Y, 戴剑峰, 等. 2002. 开放式空气CO_2浓度增高对水稻冠层微气候的影响. 应用生态学报, **13**(10): 1235-1239.

马红亮, 朱建国, 谢祖彬, 等. 2005. 开放式空气CO_2浓度升高对冬小麦生长和N吸收的影响. 作物学报, **31**(12): 1634-1639.

庞静, 朱建国, 谢祖彬, 等. 2005. 自由空气CO_2浓度升高对水稻营养元素吸收和籽粒中营养元素含量的影响. 中国水稻科学, **19**(4): 350-354.

秦大河. 2002. 中国西部环境演变评估(第二卷: 中国西部环境变化的预测). 北京: 科学出版社.

任国玉, 郭军, 徐铭志, 等. 2005. 近50年中国地面气候变化基本特征. 气象学报, **63**: 942-956.

申双和, 张雪松, 邓爱娟, 等. 2009. 不同高度层冬小麦叶片水分利用效率对CO_2浓度变化的响应. 中国农业气象, **30**: 547-552.

宋建民, 田纪春, 赵世杰. 1998. 植物光合碳和氮代谢之间的关系及其调节. 植物生理学通信, (3): 230-238.

汤玉玮, 林振武, 陈敬祥. 1985. 硝酸还原酶活力与作物耐肥性及其在生化育种上应用的探讨. 中国农业科学, **18**(6): 39-42.

王程栋, 王树声, 陈爱国, 等. 2012. 烤烟衰老过程中叶片超微结构及生理特性变化研究. 中国农学通报, **28**: 103-109.

王春乙, 潘亚茹, 岳伟, 等. 1997. CO_2浓度倍增对中国主要作物影响的试验研究.气象学报,**55**:86-94.

王润佳,高世铭,张绪成.2010.高大气 CO_2 浓度下 C_3 植物叶片水分利用效率升高的研究进展.干旱地区农业研究,**28**:191-192.

王修兰,徐师华,李佑祥.1994.大白菜对 CO_2 浓度倍增的生理生态反应.园艺学报,**21**:245-250.

王修兰,徐师华.1996.小麦对 CO_2 浓度倍增的生理反应.作物学报,**22**:340-344.

王玉庆.2012.北方中药材栽培.太原:山西经济出版社.

温民,王春乙,高素华,等.1994.CO_2 浓度倍增对冬小麦生长发育产量形成及发芽率的影响.中国生态农业学报,**2**:37-42.

吴冬秀,王根轩,白永飞,等.2002.CO_2 浓度升高和干旱对春小麦生长和水分利用的生态效应(英文).*Acta Botanica Sinica*,**44**:1477-1483.

谢立勇,冯永祥.2009.北方水稻生产与气候资源利用.北京:中国农业科学技术出版社.

谢祖彬,朱建国,张雅丽,等.2002.水稻生长及其体内C、N、P组成对开放式空气 CO_2 浓度增高和N、P施肥的响应.应用生态学报,**13**(10):1223-1230.

许大全,张玉忠,张荣铣.1992.植物光合作用的光抑制.植物生理学通讯,**28**:237-243.

杨洪建,黄建晔,董桂春,等.2002.开放式空气 CO_2 浓度增高对水稻颖花分化和退化的影响.应用生态学报,**13**(10):1215-1218.

杨洪建,杨连新,刘红红,等.2005.FACE对武香粳14根系生长动态的影响.作物学报,**31**(12):1628-1633.

杨金艳,杨万勤,王开运.2002.[CO_2]和温度增加的相互作用对植物生长的影响.应用与环境生物学报,**8**:319-324.

杨连新,王余龙,黄建晔,等.2006.开放式空气 CO_2 浓度增高对水稻生长发育影响的研究进展.应用生态学报,**17**(7):1331-1337.

杨连新,黄建晔,李世峰,等.2007a.开放式空气二氧化碳浓度增高对小麦氮素吸收利用的影响.应用生态学报,**18**(3):519-525.

杨连新,李世峰,王余龙,等.2007b.开放式空气二氧化碳浓度增高对小麦产量形成的影响.应用生态学报,**18**(1):75-80.

杨连新,王余龙,李世峰,等.2007c.开放式空气二氧化碳浓度增高对小麦物质生产与分配的影响.应用生态学报,**18**(2):339-346.

余振文. 2000. 作物栽培学各论(面向 21 世纪课程教材), 北京: 中国农业出版社.

苑学霞, 林先贵, 褚海燕, 等. 2007. CO_2 浓度倍增对 AM 真菌及其对绿豆接种效应的影响. 农业环境科学学报, **26**: 211-215.

云雅如, 方修琦, 王丽岩, 等. 2007. 我国作物种植界线对气候变暖的适应性响应. 作物杂志, (3): 20-23.

张其德, 郭建平. 1996. 二氧化碳加富对大豆叶片光系统 II 功能的影响. 植物生态学报, **20**: 517-523.

张守仁. 1999. 叶绿素荧光动力学参数的意义及讨论. 植物学通报, **16**: 444-448.

张彤, 王磊, 杨俊兴. 2005. 大气 CO_2 浓度增加对干旱条件下大豆光合效率的影响. 河南农业科学, (8): 47-50.

张彤, 胡楠, 王磊. 2006. CO_2 浓度增高对大豆光合生理的影响. 河南大学学报, **36**: 68-70.

张志宏, 李宏, 张晓宇. 2007. 高浓度 CO_2 胁迫对绿豆生长形态和生物量分配的影响. 河北农业科学, **11**(6): 3-5.

赵天宏, 史奕, 黄国宏. 2003. CO_2 和 O_3 浓度倍增及其交互作用对大豆叶绿体超微结构的影响. 应用生态学报, **14**: 2229-2232.

赵铁鹏, 宋琪玲, 王云霞, 等. 2012. 大气 CO_2 浓度升高对粳稻稻米物性及食味品质的影响. 农业环境科学学报, **31**(8): 1475-1482.

周娟, 胡健, 杨连新, 等. 2008. FACE 对水稻生育前期功能叶片叶绿素含量及其组成的影响. 扬州大学学报, (4): 59-62.

周晓冬, 赖上坤, 周娟, 等. 2012. 开放式空气中 CO_2 浓度增高(FACE)对常规粳稻蛋白质和氨基酸含量的影响. 农业环境科学学报, **31**(7): 1264-1270.

Abd-Alla M H. 1992. *Bradyrhizobium* strains and the nodulation, nodule efficiency and growth of soybean (*Glycine max* L.) in Egyptian soils. *World Journal of Microbiology and Biotechnology*, **8**, 593-597.

Ainsworth E A, Davey P A, Bernacchi C J, *et al*. 2002. A meta analysis of elevated [CO_2] effects on soybean (*Glycine max*) physiology, growth and yield. *Global Change Biology*, **8**: 695-709.

Ainsworth E A, Long S P. 2005. What we have learned from 15 years of free-air CO_2 enrichment (FACE)? A meta-analytic review of the responses of photosynthesis, canopy properties and plant production to rising CO_2. *New*

Phytologist, **165**: 351-372.

Ainsworth E A, Rogers A, Vodkin L O, *et al*. 2006. The effects of elevated CO_2 concentration on soybean gene expression, an analysis of growing and mature leaves. *Plant Physiology*, **142**: 135-147.

Ainsworth E A, Rogers A, Leakey A D, *et al*. 2007a. Does elevated atmospheric CO_2 alter diurnal C uptake and the balance of C and N metabolites in growing and fully expanded soybean leaves? *Journal of Experimental Botany*, **58**: 579-591.

Ainsworth, E A, Rogers A. 2007b. The response of photosynthesis and stomatal conductance to rising (CO_2): mechanisms and environmental interactions. *Plant, Cell and Environment*, **30**: 258-270.

Allen L H, Deyun K J, Boote N B, *et al*. 2003. Carbon dioxide and temperature effects on evapotranspiration and water use efficiency of soybean. *Agronomy Journal*, **95**: 1071-1081.

Amthor J S. 2001. Effects of atmospheric CO_2 concentration on wheat yield: review of results from experiments using various approaches to control CO_2 concentration. *Field Crops Research*, **73**(1): 1-34.

Aranjuelo I, Cabrera-Bosquet L, Morcuende R, *et al*. 2011. Does ear C sink strength contribute to overcoming photosynthetic acclimation of wheat plants exposed to elevated CO_2? *Journal of Experimental Botany*, **62**: 3957-3969.

Arrese-lgor C, Minchin F R, Gordon A J, *et al*. 1997. Possible causes of the physiological decline in soybean nitrogen fixation in the presence of nitrate. *Journal of Experimental Botany*, **48**, 905-913.

Bazzaz F A, Fajer E D. 1992. Plant life in a CO_2-rich world. *Scientific American*, **266**: 68-74.

Bernacchi C J, Morgan P B, Ort D R, *et al*. 2005. The growth of soybean under free air [CO_2] enrichment (FACE) stimulates photosynthesis while decreasing in vivo Rubisco capacity. *Planta*, **220**: 434-446.

Betzelberger A M, Gillespie K M, Mcgrath J M, *et al*. 2010. Effects of chronic elevated ozone concentration on antioxidat capacity, photosynthesis and seed yield of 10 soybean cultivars. *Plant Cell Environment*, **33**: 1569-1581.

Biswas P K, Hileman D R. 1988. Response of vegetation to carbon dioxide: field studies of sweet potatoes and cowpeas in response to elevated carbon dioxide. Report 022, US Department of Energy, Carbon dioxide Research Division, Office of Energy Research, Washington D C.

Biswas D K, Xu H, Li Y G, *et al*. 2013. Modification of photosynthesis and growth responses to elevated CO_2 by ozone in two cultivars of winter wheat with different years of release. *Journal of Experimental Botany*, **64**: 1485-1496.

Bloem V, Andrew L, Donald O, *et al*. 2005. Effects of CO_2 and Drought on N_2 Fixation in Field grown Soybean Plants. [2005-05-16]. http://www.ars.usda.gov/research/publications/public/cations.htm? seq_no_115=179720.

Bloom A J, Smart D R, *et al*. 2002. Nitrogen assimilation and growth of wheat under elevated carbon dioxide. *Proceedings of the National Academy of Sciences of the United States of America*, **99**: 1730-1735.

Bloom A J, Burger M, Asensio J S R, *et al*. 2010. Carbon Dioxide Enrichment Inhibits Nitrate Assimilation in Wheat and Arabidopsis. *Science*, **328**: 899-903.

Booker F L, Prior S A, Torbert H A, *et al*. 2005. Decomposition of soybean grown under elevated concentrations of CO_2 and O_3. *Global Change Biology*, **11**, 685-698.

Bowes G. 1993. Facing the inevitable: plants and increasing atmospheric CO_2. *Annual Review of plant Physiology and Plant Molecular Biology*, **44**: 309-332.

Caldwell C R, Britz S J, Mirecki R M. 2005. Effect of temperature, elevated carbon dioxide and drought during seed development on the isoflavone content of soybean [*Glycine max* (L.)] grown in controlled environments. *Journal of Agricultural and Food Chemistry*, **53**: 1125-1129.

Casella E, Soussana J F, Loiseau P. 1996. Long term effects of CO_2 enrichment and temperature increase on a temperate grass sward. Ⅰ. Water and productivity use. *Plant and Soil*, **182**: 83-99.

Champigny M L. 1995. Integration of photosynthetic carbon and nitrogen metabolism in higher plants. *Photosynthesis Research*, **46**: 117-127.

Conley M M, Kimball B A, Brooks T J. 2001. CO_2 enrichment increases water—use efficiency in sorghum. *New Phytologist*, **151**: 407-412.

Cotrufo F M. 1998. Elevated CO_2 reduces the nitrogen concentration of plant tissues. *Global Change Biology*, **4**: 43-54.

Culotta E. 1995. Will plants profit from high CO_2? *Science*, **268**: 654-656.

Cure J D, Acock B. 1986. Crop responses to carbon dioxide doubling: A literature survey. *Agricultural and Forest Meteorology*, **38**: 127-145.

Curtis P S, Wang X. 1998. A meta-analysis of elevated CO_2 effects on woody plant mass, form, and physiology. *Oecologia*, **113**: 299-313.

Damatta F M, Grandis A, Arenque B C, *et al*. 2010. Impacts of climate changes on crop physiology and food quality. *Food Research International*, **43**, 1814-1823.

Danso S K A, Hera C, Douka C. 1987. Nitrogen fixation in soybean as influenced by cultivar and Rhizobium strain. *Plant and Soil*, **99**, 163-174.

Ding Y, Zhang T, Tao J S. 2008. The research of effective components in radix isatidis. *Chinese Traditional Patent Medicine*, **30**: 1697-1701. (in Chinese)

Doherty R M, Hulme M, Jones C G. 1999. A gridded reconstruction of land and ocean precipitation for the extended tropics from 1974—1994. *International Journal of Climatology*, **19**: 119-142.

Drake B G, Gonzalez-Meler D A, Long S P. 1997. More efficient plants: A consequence of rising atmospheric CO_2. *Annual Review of Plant Physiology Plant Molecular Biology*, **48**: 609-639.

Fangmeier A B, Chrost B, Hogy P, *et al*. 2000. CO_2 enrichment enhances flag leaf senescence in barley due to greater grain nitrogen sink capacity. *Environmental and Experimental Botany*, **44**: 151-164.

Ferrario-Mery S, Thibaud M C, Betsche T, *et al*. 1997. Modulation of carbon and nitrogen metabolism and of nitrate reductase, in untransformed *Nicotiana plumbaginifolia* during CO_2 enrichment of plants grown in pots and hydroponic culture. *Planta*, **202**: 510-521.

Flores E, Romero J M, Guerrero M G, *et al*. 1983. Regulatory interaction of photosynthetic nitrate utilization and carbon dioxide fixation in the cyanobacterium Anacystis nidulans. *Biochimica et Biophysica Acta (BBA)-Bioenergetics*,**725**: 529-532.

Fordham M, Bames J D, Bettarini I, *et al*. 1997. The impact of elevated CO_2 on growth and photosynthesis in Agrostis canina L. ssp. monteluccii adapted to contrastion atmospheric CO_2 concentrations. *Oecologia*,**110**: 169-178.

Frenck G, Linden L V D, Mikkelsen T N, *et al*. 2011. Increased [CO_2] does not compensate for negative effects on yield caused by higher temperature and [O_3] in *Brassica napus* L. *European journal of Agronomy*, **35**: 127-134.

Fukayamaa H, Suginoa M, Fukudab T, *et al*. 2011, Gene expression profiling of rice grown in free air CO_2 enrichment (FACE) and elevated soil temperature. *Field Crops Research*, **121**: 195-199.

Gifford R M, Barrett D J, Lutze J L. 2000. The effects of elevated [CO_2] on the C:N and C:P mass ratios of plant tissues. *Plant and Soil*,**224**:1-14.

Gillis AM. 1993. Competition and climate. *BioScience*,**43**: 677.

Hao X Y, Han X, Lam S K, *et al*. 2012. Effects of fully open—air [CO_2] elevation on leaf ultrastructure, photosynthesis and yield of two soybean cultivars. *Photosynthetica*,**50**:362-370.

Hao X Y, Li P, Feng Y X, *et al*. 2013. Effects of fully open-air CO_2 elevation on leaf photosynthesis and ultrastructure of *isatis indigotica* Fort. *Plos one*,**8**: 1-7.

Hao X Y, Gao J, Han X, *et al*. 2014. Effects of open-air elevated atmospheric CO_2 concentration on yield quality of soybean (Glycine max (L.) Merr). *Agriculture Ecosystems and Environment*, **192**: 80-84.

Hart S C, Nason G E, Myrold D D. 1994. Dynamics of gross nitrogen transformations in an old-growth forest: the carbon connection. *Ecology*, **75**: 880-891.

Heagle A S, Miller W A, Pursley J E. 1998. Influence of ozone stress on soybean response to carbon dioxide enrichment: III. Yield and seed quality. *Crop Science*,**38**: 128-134.

Hendrey G R, Lewin K F, Nagy J. 1993. Free air carbon dioxide enrichment:

development, progress. *Vegetation*, 104/105: 17-31.

Herrick J D, Thomas R B. 2001. No photosynthetic down regulation in sweetgum trees (*Liquidambar styraciflua* L.) after three years of CO_2 enrichment at the Duke Forest FACE experiment. *Plant cell and Environment*, **24**: 53-64.

Hocking P J, Meyer C P. 1991. Effects of CO_2 enrichment and nitrogen stress on growth, and partitioning of dry matter and nitrogen in wheat and maize. *Australian Journal of Plant Physiology*, **18**: 339-356.

Hogy P, Franzaring J, Schwadorf K, *et al*. 2010. Effects of free-air CO_2 enrichment on energy traits and seed quality of oilseed rape. *Agriculture Ecosystems and Environment*, **139**, 239-244.

Houghton J T, Ding Y, Griggs D J, *et al*. 2001. Climate Change 2001: The Scientific Basis. Cambridge: Cambridge University Press.

Houngnandan P, Yemadje R G H, Oikeh S O, *et al*. 2008. Improved estimation of biological nitrogen fixation of soybean cultivars (*Glycine max* L. Merril) using ^{15}N natural abundance technique. *Biology and Fertility of Soils*, **45**, 175-183.

Hulme M, Osborn T J, Johns T C. 1998. Precipitation sensitivity to global warming: Comparison of observations with CO_2 simulations. *Geophysical Research Letters*, **25**: 3379-3382.

Hungate B A, Dukes J S, *et al*. 2003. Atmospheric science. Nitrogen and climate change. *Science*, **302**: 1512-1513.

Hymus G J, Baker N R, Long S P. 2001. Growth in elevated CO_2 can both increase and decrease photochemistry and photoinhibition of photosynthesis in a predictable manner. *Dactylis glomerata* grown in two levels of nitrogen nutrition. *Plant Physiology*, **127**: 1204-1211.

IPCC. 2007. Intergovernmental panel on climate change. Cambridge, UK: Cambridge University Press.

Isopp H, Frehner M, Long S P, *et al*. 2000. Sucrose—phosphate synthase responds differently to source-sink relations and to photosynthetic rates: *Lolium perenne* L. growing at elevated CO_2 in the field. *Plant Cell and Environment*, **23**: 597-607.

Jablonski L M, Wang X Z, Curtis P S. 2002. Plant reproduction under elevated CO_2 conditions: A meta-analysis of reports on 79 crop and wild species. *New Phytologist*, **156**: 9-26.

Johannessen M M, Mikkelsen T N, Jorgensen R B. 2002. CO_2 exploitation and genetic diversity in winter varieties of oilseed rape (*Brassica napus*); varieties of tomorrow. *Euphytica*, **128**: 75-86.

Kane K, Dahal K P, Badawi M A, *et al*. 2013. Long-term growth under elevated CO_2 suppresses biotic stress genes in non-acclimated, but not cold-acclimated winter wheat. *Plant and Cell Physiology*, **54**(11): 1751-1768.

Karl T R, Knight R W. 1998. Secular trends of precipitation amount, frequency, and intensity in the USA. *Bulletin of the American Meteorological Society*, **79**: 231-241.

Keyser H H, Li F. 1992. Potential for increasing biological nitrogen fixation in soybean. *Plant and Soil*, **141**: 119-135.

Kim H Y, Lieffering M, Miura S. 2001. Growth and nitrogen uptake of CO_2 enriched rice under field conditions. *New Phytologist*, **150**: 223-229.

Kim H Y, Lieffering M, Kobayashi K. 2003. Seasonal changes in the effects of elevated CO_2 on rice at three levels of nitrogen supply: a free air CO_2 enrichment (FACE) experiment. *Global Change Biology*, **9**: 826-837.

Kimball B A. 1983. Carbon dioxide and agricultural yield: an assemblage and analysis of 430 prior observations. *Agronomy Journal*, **75**(5): 779-788.

Kimball B A. 1986. Influence of elevated CO_2 on crop yield//Enoch H Z, Kimball B A, eds. Carbon Dioxide Enrichment of Greenhouse Crops. Boca Raton, USA: CRC Press Inc, 105-115.

Kimball B A, Pinter J P, Wall G W, *et al*. 1997. Comparisons of responses of vegetation to elevated carbon dioxide in free-air and open-top chamber facilities// Allen JLH, ed. Advances in Carbon Dioxide Research. Wisconsin, USA: American Society of Agronomy, Crop Science Society of America, Soil Science Society of America, 113-130.

Kong W, Zhao Y, Shan L, *et al*. 2008. Thermochemical studies on the quantity-antibacterial effect relationship of four organic acids from Radix Isatidis on Escherichia coli growth. *Biological Pharmaceutical Bulletin*, **31**:

1301-1305.

Krishnan P, Ramakrishnan B, Reddy K R, *et al*. 2011. Chapter three-high-temperature effects on rice growth, yield, and grain quality. *Advances in Agronomy*, **111**:187-206.

Lal M, Singh K K, Srinivasan G, *et al*. 1999. Growth and yield responses of soybean in Madhya Pradesh, India to climate variability and change. *Agricultural and Forest Meteorology*, **93**: 53-70.

Lam S K, Chen D, Norton R, *et al*. 2012. Nitrogen demand and the recovery of ^{15}N-labelled fertilizer in wheat grown under elevated carbon dioxide in southern Australia. *Nutrient Cycling in Agroecosystems*, **92**: 133-144.

Lea P J, Robinson S A, Stewart G R. 1990. The enzymology and metabolism of glutamine, glutamate and asparagine. In: Miflin B J, Lea P J, eds. *Intermediary nitrogen metabolism*. The biochemistry of plants, London: Academic Press, **16**: 121-159.

Leadly P W, Drake B G. 1993. Open top chambers for exposing plant canopies to elevated CO_2 concentration and for measuring net gas exchange. *Vegetatio*, 104/105: 3-15.

Leakey A D B, Uribelarrea M, Ainsworth E A, *et al*. 2006. Photosynthesis, productivity, and yield of maize are not affected by open-air elevation of CO_2 concentration in the absence of drought. *Plant Physiology*, **140**: 779-790.

Leakey A D B, Ainsworth E A, Bernacchi C J, *et al*. 2009. Elevated CO_2 effects on plant carbon, nitrogen, and water relations: six important lessons from FACE. *Journal of Experimental Botany*, **60**:2859-2876.

Li P H, Ainsworth E A, Leakey A D B, *et al*. 2008. Arabidopsis transcript and metabolite profiles: ecotype-specific responses to open-air elevated [CO_2]. *Plant, Cell and Environment*, **31**: 1673-1687.

Long S P. 1991. Modification of the response of photosynthetic productivity to rising temperature by atmospheric CO_2 concentrations: Has its importance been underestimated? *Plant Cell and Environment*, **14**: 729-739.

Long S P, Ainsworth E A, Leakey A D B, *et al*. 2006. Food for thought: lower-than-expected crop yield stimulation with rising CO_2 concentrations.

Science, **312**: 1918-1921.

Ludewig F, Sonnewald U. 2000. High CO_2-mediated down-regulation of photosynthetic gene transcripts is caused by accelerated leaf senescence rather than sugar accumulation. *Federation of European Bichemical Societies*, **479**:19-24.

Luscher A, Hartwig U A, Suter D, *et al*. 2000. Direct evidence that symbiotic N_2 fixation in fertile grassland is an important trait for a strong response of plants to elevated atmospheric CO_2. *Global Change Biology*, **6**: 655-662.

Lynch J P, Clair S B. 2004. Mineral stress: the missing link in understanding how global climate change will affect plants in real world soils. *Field Crops Research*, **90**:101-115.

Mall R K, Lal M, Bhati VS, *et al*. 2004. Mitigating climate change impact on soybean productivity in India: A simulation study. *Agricultural and Forest Meteorology*, **121**:113-125.

Masuda T, Goldsmith P D. 2009. World soybean production: Area harvested, yield and long-term projections. In: *International Food and Agribusiness Management Review*, **12**(4):143-162.

Matsunami T, Otera M, Amemiya S, *et al*. 2009. Effect of CO_2 concentration, temperature and N fertilization on biomass production of soybean genotypes differing in N fixation capacity. *Plant Production Science*, **12**:156-167.

McGuire D A. 1995. The role of nitrogen in the response of forest net primary production to elevated atmospheric carbon dioxide. *Annual Review of Ecology and Systematics*, **26**:473-503.

McNeil D. 1982. Variations in ability of *Rhizobium japonicum* strains to nodulate soybeans and maintain fixation in the presence of nitrate. *Applied and Environmental Microbiology*, **44**:647-652.

Mercado J M, Javier F, Gordillo L, *et al*. 1999. Effects of different levels of CO_2 on photosynthesis and cell components of the red alga *Porphyra leucosticta*. *Journal of Applied Phycology*, **11**:455-461.

Miglietta F, Raschi A, Resti R, *et al*. 1993. Growth and onto-morphogenesis of soybean (*Glycine max* Merril) in an open, naturally CO_2-enriched environment. *Plant Cell and Environment*, **16**: 909-918.

Mohammed A R, Tarpley L. 2010. Effects of high night temperature and spikelet position on yield-related parameters of rice (*Oryza sativa* L.) plants. *European Journal of Agronomy*, **33**: 117-123.

Moore B D, Cheng S H, Rice J, *et al*. 1998. Sucrose cycling, Rubisco expression, and prediction of photosynthetic acclimation to elevated atmospheric CO_2. *Plant Cell and Environment*, **21**: 905-915.

Morgan P B, Bollero G A, Nelson R L, *et al*. 2005. Smaller than predicted increase in aboveground net primary production and yield of field-grown soybean under fully open-air [CO_2] elevation. *Global Change Biology*, **11**: 1856-1865.

Myers D A, Thomas R B, Delucia E H. 1999. Photosynthetic capacity of loblolly pine (*Pinus taeda* L) trees during the first year of carbon dioxide enrichment in a forest ecosystem. *Plant cell and Environment*, **22**: 473-481.

Nakamura Y, Yuki K, Park S Y, *et al*. 1989. Carbohydrate metabolism in the developing endosperm of rice grains. *Plant and Cell Physiology*, **30**: 833-839.

Nakano H, Makino A, Mae T. 1997. The effect of elevated partial pressure of CO_2 on the relation between photosynthesis capacity and N content in rice leaves. *Plant Physiology*, **115**: 191-198.

Norby R J, Cortufo M F, Ineson P, *et al*. 2001. Elevated CO_2, litter chemistry, and decomposition: a synthesis. *Oecologia*, **127**: 153-165.

Nowak R S, Ellsworth D S, Smith S D. 2004. Functional responses of plants to elevated atmospheric CO_2—do photosynthetic and productivity data from FACE experiments support early predictions? *New Phytologist*, **162**: 253-280.

Oksanen E, Sober J, Karnosky D F. 2001. Impacts of elevated CO_2 and/or O_3 on leaf ultrastructure of aspen (populous tremuloides) and birch (Betulapapyrifera) in the Aspen FACE experiment. *Environmental Pollution*, **115**: 437-446.

Pal M, Rao L S, Jain A C, *et al*. 2005. Effects of elevated CO_2 and nitrogen on wheat growth and photosynthesis. *Biologia Plantarum*, **49**: 467-470.

Pego J V, Kortstee A J, Huijser C, *et al*. 2000. Photosynthesis, sugars and the regulation of gene expression. *Journal of Experimental Botany*, **51**: 407-416.

Pinter Jr P J, Kimball B A, Wall G W, *et al*. 1997. Effects of elevated CO_2 and soil nitrogen fertilizer on final grain yields of spring wheat. Annual Research Report: Phoenix, USA. U. S. Water Conservation Laboratory, Agricultural Research Service, U. S. Department of Agriculture, 71-74.

Pleijel H, Uddling J. 2011. Yield vs. quality tradeoffs for wheat in response to carbon dioxide and ozone. *Global Change Biology*, **18**: 596-605.

Polley H W, Johnson H B, Derner J D. 2002. Soil and plant-water dynamics in a C_3/C_4 grassland exposed to a subambient to superambient CO_2 gradient. *Global Change Biology*, **8**: 1118-1129.

Poorter H, Navas M L. 2003. Plant growth and competition at elevated CO_2: on winners, losers and functional groups. *New Phytologist*, **157**: 175-198.

Prentice I C, Farquhar G D, Fasham M J R, *et al*. 2001. The carbon cycle and atmospheric carbon dioxide//IPCC. Contributions of Working Group I to the Third Assessment Report of the Intergovernmental Panel on Climate Change. Cambridge: Cambridge University Press, 183-238.

Prior S A, Torbert H A, Runion G B, *et al*. 2004. Elevated atmospheric CO_2 in agroecosystems: residue decomposition in the field. *Environmental Management*, **33**: 344-354.

Prévost D, Bertrand A, Juge C, *et al*. 2010. Elevated CO_2 induces differences in nodulation of soybean depending on bradyrhizobial strain and method of inoculation. *Plant and Soil*, **331**: 115-127.

Rascher U, Bobich E G, Lin G H, *et al*. 2004. Functional diversity of photosynthesis during drought in a model tropical rainforest—the contributions of leaf area, photosynthetic electron transport and stomatal conductance to reduction in net ecosystem carbon exchange. *Plant Cell and Environment*, **27**: 1239-1256.

Rascher U, Biskup B, Leakey A D B, *et al*. 2010. Altered physiological function, not structure, drives increased radiation-use efficiency of soybean grown at elevated CO_2. *Photosynthesis Research*, **105**: 15-25.

Rawson H M. 1995. Yield responses of two wheat genotypes to carbon dioxide and temperature in field studies using temperature gradient tunnels. *Australian Journal of Plant Physiology*, **22**: 23-32.

Reddy A R, Rasineni G K, Raghavendra A S. 2010. The impact of global elevated CO_2 concentration on photosynthesis and plant productivity. *Current Science*, **99**: 46-50.

Reich P B, Tjoelker M G, *et al*. 2006a. Universal scaling of respiratory metabolism, size and nitrogen in plants. *Nature*, **439**: 457-461.

Reich P B, Hungate B A, Luo Y. 2006b. Carbon-nitrogen interactions in terrestrial ecosystems in response to rising atmospheric carbon dioxide. *Annual Review of Ecology Evolution and Systematics*, **37**: 611-636.

Rodriguez V V. 2004. Soybean root biomass under elevated CO_2 and O_3 concentration subject to FACE conditions. MS thesis. University of Illinois at Urbana-Champaign, Urbana, IL.

Rogers H H, Cure J D, Smith J M. 1986. Soybean growth and yield response to elevated carbon dioxide. *Agriculture, Ecosystems and Environment*, **24**: 113-128.

Rogers G S, Milham P J, *et al*. 1996. Sink strength may be the key to growth and nitrogen responses in N-deficient wheat at elevated CO_2. *Australian Journal of Plant Physiology*, **23**: 253-264.

Rogers A, Fischer B U, Bryant J, *et al*. 1998. Acclimation of photosynthesis to elevated CO_2 under low-nitrogen nutrition is affected by the capacity for assimilate utilization. Perennial ryegrass under free-air CO_2 enrichment. *Plant Physiology*, **118**: 683-689.

Rogers A, Allen D J, Davey PA, *et al*. 2004. Leaf photosynthesis and carbohydrate dynamics of soybeans grown throughout their life-cycle under free-air carbon dioxide enrichment. *Plant, Cell and Environment*, **27**: 449-458.

Rogers A, Gibon Y, Stitt M, *et al*. 2006. Increased C availability at elevated carbon dioxide concentration improves N assimilation in a legume. *Plant, cell and environment*, **29**: 1651-1658.

Rogers A, Ainsworth E A, Leakey A D B. 2009. Will elevated carbon dioxide concentration amplify the benefits of nitrogen fixation in legumes? *Plant Physiology*, **151**: 1009-1016.

Rosendahl L. 1984. Rhizobium strain effects on yield and bleeding sap amino compounds in *Pisum sativum*. *Physiologia Plantarum*, **60**:215-220.

Schimel D S. 1995. Terrestrial ecosystems and the carbon cycle. *Global Change Biology*, **1**:77-91.

Seneweera S P, Conroy J P, Ishimaru K, *et al*. 2002. Changes in source-sink relations during development influence photosynthetic acclimation of rice to free air CO_2 enrichment (FACE). *Functional Plant Biology*, **29**: 945-953.

Seneweera S P, Conroy J P. 2005. Enhanced leaf elongation rates of wheat at elevated CO_2: is it related to carbon and nitrogen dynamics within the growing leaf blade? *Environmental and Experimental Botany*, **54**: 174-181.

Seneweera S, Makino A, Hirotsu N, *et al*. 2011. New insight into photosynthetic acclimation to elevated CO_2: The role of leaf nitrogen and ribulose—1,5—bisphosphate carboxylase/oxygenase content in rice leaves. *Environmental and Experimental Botany*, **71**: 128-136.

Serraj R, Sinclair TR, Allen LH. 1998. Soybean nodulation and N_2 fixation response to drought under carbon dioxide enrichment. *Plant Cell and Environment*, **21**, 491-500.

Serraj R. 2003. Atmospheric CO_2 increase benefits symbiotic N_2 fixation by legumes under drought. *Current Science*, **85**:1341-1343.

Serraj R, Sinclair T R. 2003. Evidence that carbon dioxide enrichment alleviates ureide-induced decline of nodule nitrogenase activity. *Annals of Botany*, **91**:85-89.

Sharkey T D, Bernacchi C J, Farquhar G D, *et al*. 2007. Fitting photosynthetic carbon dioxide response curves for C_3 leaves. *Plant Cell and Environment*, **30**: 1035-1040.

Sicher R C, Kremer D F. 1995. Photosynthetic acclimation and photosynthate partitioning in soybean leaves in response to carbon dioxide enrichment. *Photosynthesis Research*, **46**: 409-417.

Sinclair T R, Pinter Jr, Kimball B A, *et al*. 2000. Leaf nitrogen concentration of wheat subjected to elevated CO_2 and either water or N deficits. *Agriculture Ecosystems & Environment*, **79**(1):53-60.

Singh B, Maayar M E, Andr E P, *et al*. 1998. Impacts of a GHG—induced climate change on crop yields: Effects of acceleration in maturation, moisture stress and optimal temperature. *Climatic Change*, **38**: 51-86.

Soppela S K, Parviainen I, Ruhanen H, *et al*. 2010. Gene expression responses of paper birch (Betula papyrifera) to elevated CO_2 and O_3 during leaf maturation and senescence. *Environmental Pollution*, **158**: 959-968.

Srivastava A C, Pal M, Sengupta U K. 2002. Changes in nitrogen metabolism of *Vigna radiata* in response to elevated CO_2. *Biologia Plantarum*, **45**: 395-399.

Stafford N. 2008. The other greenhouse effects. *Nature*, **448**: 526-528.

Stitt M, Krapp A. 1999. The interaction between elevated carbon dioxide and nitrogen nutrition: The physiological and molecular background. *Plant Cell and Environment*, **22**: 583-621.

Taub D R. and Wang X Z. 2008a. Why are nitrogen concentrations in plant tissues lower under elevated CO_2? A critical examination of the hypotheses. *Journal of Integrative Plant Biology*, **50**: 1365-1374.

Taub D R, Miller B, Allen H. 2008b. Effects of elevated CO_2 on the protein concentration of food crops: a meta-analysis. *Global Change Biology*. **14**: 565-575.

Taub D R. 2010. Effects of rising atmospheric concentrations of carbon dioxide on plants. *Nature Education Knowledge*, **3**: 21.

Tausz-Posch S, Borowiak K, Dempsey R W, *et al*. 2013. The effect of elevated CO_2 on photochemistry and antioxidative defence capacity in wheat depends on environmental growing conditions- A FACE study. *Environmental and Experimental Botany*, **88**: 81-92.

Teng N J, Jin B, Wang Q L, *et al*. 2009. No Detectable Maternal effects of elevated CO_2 on *Arabidopsis thaliana* Over 15 Generations. *PloS One*, **4**: 1-9.

Torbert H A, Prior S A, Rogers H H, *et al*. 2004. Elevated atmospheric CO_2 effects on N fertilization in grain sorghum and soybean. *Field Crops Research*, **88**: 57-67.

Unkovich M J, Pate J S, Sanford P. 1997. Nitrogen fixation by annual legumes in Australian Mediterranean agriculture. *Australian Journal of Agricultural Research*, **48**: 267-293.

Unkovich M, Herridge D, Peoples M, *et al*. 2008. Measuring plant-associated nitrogen fixation in agricultural systems. Australian Centre for International Agricultural Research, Canberra.

Vickers A, Zollman C, Lee R. 2001. Herbal medicine. *Toolbox*, **175**: 125-128.

Vivin P, Martin F, *et al*. 1996. Acquisition and within-plant allocation of ^{13}C and ^{15}N in CO_2-enriched Quercus robur plants. *Physiologia Plantarum*, **98**: 89-96.

Vézina L P, Hope H J, Joy K W. 1987. Isoenzymes of glutamine synthetase in roots of pea (*Pisum sativum* L. cv Little Marvel) and alfalfa (*Medicago media Pers*. cv Saranac). *Plant Physiology*, **83**: 58-62.

Wall G W, Adam N R, Brooks T J, *et al*. 2000. Acclimation response of spring wheat in a free-air CO_2 enrichment (FACE) atmosphere with variable soil nitrogen regimes. *Photosynthesis Research*, **66**: 79-95.

Wall G W, Garcia R L, Kimball B A, *et al*. 2006. Interactive effects of elevated carbon dioxide and drought on wheat. *Agronomy Journal*, **98**: 354-381.

Wand S J E, Midgley G F, Jones M H, *et al*. 1999. Responses of wild C_4 and C_3 grass (poaceae) species to elevated atmospheric CO_2 concentration: a meta-analytic test of current theories and perceptions. *Global Change Biology*, **5**: 723-741.

Wang K Y, Kellomakl S. 1997. Effects of elevated CO_2 and soil-nitrogen supply on chlorophyll fluorescence and gas exchange in Scots pine, based on a branch-in-bag experiment. *New Phytologist*, **136**: 277-286.

Wang Z G, Ren J. 2002. Current status and future direction of Chinese herbal medicine. *Trends in Pharmacological Sciences*, **23**: 347-348.

Woodrow I E. 1994. Optimal acclimation of the C_3 photosynthetic system under enhanced CO_2. *Photosynthesis Research*, **39**: 401-412.

Wu D X, Wang G X, Bai Y F, *et al*. 2004. Effect of elevated CO_2 concentration on growth, water use, yield and grain quality of wheat under two soil water levels. *Agriculture Ecosystems and Environment*, **104**: 493-507.

Zerihun A, Gutschick V P, Bassirirad H. 2000. Compensatory roles of nitrogen uptake and photosynthetic N_2 use efficiency in determining plant growth response to elevated CO_2: evaluation using a functional balance modell. *An-*

nals of Botany, **86**: 723-730.

Zhu X K, Feng Z Z, Sun T F, *et al*. 2011. Effects of elevated ozone concentration on yield of four Chinese cultivars of winter wheat under fully open-air field conditions. *Global Change Biology*, **17**: 2697-2706.

Zuo B Y, Zhang Q, Jiang G Z, *et al*. 2002. Effects of doubled CO_2 concentration on ultrastructure, supramolecular architecture and spectral characteristics of chloroplasts from wheat. *Acta botanica sinica*, **44**: 908-912.

后 记

1. 利用分子生物技术开展的大气 CO_2 浓度升高对植物影响研究进展

随着现代分子生物技术的不断发展，人们开始把基因工程技术应用于生态问题的解决，产生了分子生态学。应用控制环境研究植物对生长条件和生态环境变化的分子反应是分子生态学的重要特征。由于植物对全球变化因素的响应受到分子水平、生物化学水平和生理水平的直接影响，基因表达分析可以帮助我们理解气候变化对植物影响的未知机制。包括模型方法和非模型方法在内的各种工具和方法被用于气候变化生物学研究。但各个方法都有其独特的优势及其局限性。不断更新的基因技术使基因生态学研究方法应用于生态学研究，用控制环境实验和植物基因表达数据分析来解释生态学的内容为生态学研究提供了一个新的途径（Leakey *et al*，2009）。国外学者就大气 CO_2 浓度升高对大豆、小麦、水稻、拟南芥、纸片桦基因表达的影响开展了研究（Ainsworth *et al*，2006；Li *et al*，2008；Fukayamaa *et al*，2011；Soppela *et al*，2010；Kane *et al*，2013）。Ainsworth *et al*（2006）利用基因芯片技术对 FACE 条件下大豆生长中的叶和成熟叶片基因表达变化进行了分析，发现生长中的叶片和完全展开的叶片中有 1146 个基因序列差异表达，其中有核糖体蛋白、细胞周期、细胞生长和细胞增殖等的相关基因在生长中的叶高度表达。进一步对 139 个与大气 CO_2 浓度升高相关并与生长相关的基因分析发现：在生长的叶片中，大气 CO_2 浓度升高对于细胞生长和增殖相关的基因表达量显著增加。有 327 个 CO_2 浓度应答基因的表达变化表明大气 CO_2 浓度升高使大豆组织中碳水化合物呼吸分解加速，这将会为大气 CO_2 浓度升高后大豆叶片生长提供能量和生物化学前体物质(Ainsworth *et al*，2006)。大气 CO_2 浓度升高对水稻叶片中大部分初级代谢相关基因表达无明显影响，但使 CO_2 固定相关的基因表达下调。与蔗糖合成、糖酵解、三羧酸循环和氮固定相关的基因在大气 CO_2 浓度升高后表达量上调。这些结果表明大气 CO_2 浓度升高后水稻在生理代谢上会逐渐适应高大气 CO_2 浓度，CO_2 固定能力下降，呼吸作用增强(Fukayamaa *et al*，2011)。大气 CO_2 浓度升高改变了两个生态型拟南芥抗逆、氧化还原控制、物质运输、信号传导、转录、染色体重组相关的基因表达(Li *et al*，2008)。O_3 浓度升高单独或与 CO_2 浓度升高共同影响改变纸皮桦叶片基因表达。O_3 浓度升高使光合作用和 C 固定相关的基因表达下调，促进了衰老相关基因表达，可见 O_3 浓度升高会引起纸皮桦叶片氧化应激和早期的叶片衰老。CO_2 浓度升高增加的 C 会直接增加次生代谢物的合成。CO_2 浓度和 O_3 浓度同时升高试验条件下引起的差异基因表达量要多于 CO_2 浓度升高条件下或与 O_3 浓度升高条件下类似，表明 CO_2 浓度升高对纸皮桦的正面效应不能弥补 O_3 浓度升高造成的不利影响(Soppela *et al*，2010)。大气 CO_2 浓度升高使水稻生长中的倒数第 10 片叶和完全展开的剑叶中基因差异表达数为 400～600 个。同时土壤温度增加(+2℃)会增加叶片差异基因表达数量。不考虑叶片发育期和土壤温度的变化，大气 CO_2 浓度升高使 31 个基因上调表达，83 个基因下调表达。其中，与蔗糖运输、果聚糖基转移酶相关的基因上调表达，与叶绿素 a、b 结合蛋白、硝酸盐运输、水通道蛋白相关基因表达下调。另外，大多数差异表达的基因功能目前还未知。FACE 条件下与 C 固定相关的基因如：二磷酸核酮糖羧化酶(Rubisco)和碳酸酐酶相关的基因表达下调，与蔗糖同化、糖酵解、三羧酸循环和 N 固定相关的基因上调表达。这些结果表明大气 CO_2 浓度升高会减弱水稻固定 CO_2 能力，但会促进暗呼吸(Fukayamaa *et al*，2011)。大气 CO_2 浓度升高会使未进行低温驯化的小麦抗逆相关基因表达显著下降。但低温驯化会逆转小麦抗病基因和细胞形成、叶绿素蛋白相关基因的下调。

可见,大气 CO_2 浓度升高对适应北方寒冷气候条件下的植物生长和产量的影响要小于对温暖环境下植物的影响。在温暖气候条件下和温暖的生长季,选择种植大气 CO_2 浓度升高后具有较高生物抗逆基因的作物品种将有助于作物适应未来的气候变化(Kane *et al*,2013)。

这些新的研究方法为深入研究大气 CO_2 浓度升高对植物的影响提供了新途径,有利于深入揭示气候变化对植物的影响。但目前的研究仅限于分子水平的研究,未能将分子水平的研究与生理水平及形态指标综合进行分析,发现其中的相互联系,以更好地揭示植物对大气 CO_2 浓度升高的响应机制。

2. C_4 植物的研究

目前关于大气 CO_2 浓度升高对植物的影响多为对 C_3 植物的研究,而对 C_4 植物的研究比较少,特别是利用 FACE 系统对 C_4 植物的研究只有个别几个试验。仅美国科学家对玉米和高粱开展了相关研究:大气 CO_2 浓度升高使干旱条件下玉米和高粱光合作用显著增强,但湿润条件下无显著影响。长期大气 CO_2 浓度升高使高粱出现光合适应现象,而玉米无光适应出现。大气 CO_2 浓度升高玉米和高粱叶片气孔导度大幅下降,导致叶温升高、蒸腾速率下降、蒸发蒸腾总量减少、叶片总水势和水分利用效率增加。大气 CO_2 浓度升高对玉米和高粱物候期和植株内化学组分影响不大。大气 CO_2 浓度升高对干旱条件下玉米和高粱生长和产量略有增加,但湿润条件下无显著影响。大气 CO_2 浓度升高使高粱田土壤丛枝状菌根真菌的长度和易提取胶状物质浓度显著增加,导致水稳性土壤团聚体增加。大气 CO_2 浓度升高对高粱田 N_2O 或含氮气体(N_2O+N_2)的排放没有影响。我们利用 FACE 系统对谷子进行了盆栽试验研究,研究结果见第5章。

虽然大气 CO_2 浓度升高对 C_4 植物的影响要小于 C_3 植物,但仍然会对其光合生理产生影响,特别是在有干旱胁迫的情况下。将来的研究应加强对 C_4 作物的研究,特别是开展干旱胁迫下的研究,为 C_4 作物应对气候变化提供更可靠的依据。

3. 未来研究展望

(1)与其他气候变化要素及其他栽培措施交互作用的研究

已有研究主要集中在 CO_2 浓度与 N 处理的互作效应方面，而 CO_2 浓度与水分、温度、臭氧浓度升高及其他栽培措施之间的互作效应对作物生长发育影响的研究还很少，缺乏相关机制的了解。有必要开展这方面的工作，对未来高 CO_2 浓度条件下作物高产优质栽培措施的制定具有更直接的指导意义。目前，国内学者已经开展了相关研究，南京农业大学的科学家已经建立了 T-FACE(增加大气温度和大气 CO_2 浓度)试验平台，研究 CO_2 浓度和气温升高交互作用下作物生长发育情况。这些研究将为我们了解未来气候变化背景下作物生长发育情况提供更有力的支持。

(2)不同作物品种试验

之前的研究多为单一品种或者 2～3 个作物品种的试验，不同作物品种对大气 CO_2 浓度升高响应存在差异，有必要开展多品种试验，筛选出对大气 CO_2 浓度升高响应明显的品种，并开展分子水平的试验，发现对大气 CO_2 浓度升高敏感的基因，解释作物对大气 CO_2 浓度升高的响应机理，为未来气候变化下品种选育提供依据。中国农业科学院农业环境与可持续发展研究所在北京昌平建立的 FACE 系统中已经开展了冬小麦品种试验，江苏的 FACE 试验已经开展了不同水稻品种试验以期望为选育更适应未来气候变化的作物品种提供依据。

(3)不同地区的试验及模型研究

不同地区气候和土壤条件差异较大，目前我国针对大气 CO_2 浓度升高对作物影响的试验还比较少，特别是 FACE 试验平台仅有 3 个。还不能代表我国主要的作物种植区域，有必要开展区域试验，增加 2～3 个 FACE 试验平台，为全国作物响应气候变化提供更有力的支持。

在试验站点有限的情况下，可以开展作物模型的研究。利用现有的 FACE 及气室试验数据，构建不同的作物生长模型，以预测全国或不同地区作物生产变化情况，为未来的粮食生产制订应对全球变化的对策提供理论和实践依据。